高等职业院校"十三五"校企合作开发系列教材

园林工程测量

张中慧　主编

中国林业出版社

内 容 简 介

本教材是结合非测绘专业高职学生知识基础，以培养测绘技能操作为主线，以测量基础知识、基本理论为起点，通过单项技能(测量仪器操作及单项任务)训练、综合技能(综合项目训练)，构建由简单到复杂，由单项技能到综合技能，分层递进的内容结构体系。以园林工程项目为载体，以实际工作岗位的典型工作任务要求确定教材内容，将全书分为测量的基础知识及地形图识读、测量的基本工作、地形图测绘、地形图应用及园林工程施工测量共 5 个项目 17 个任务。

本教材主要用于高等职业院校园林技术、园林工程技术、园林工程监理等专业教材和成人教育园林相关专业教材，也适用于高职农林院校的资源与环境、林学、园艺、景区开发与管理、土地资源管理等专业，还可作为园林行业职业技术培训教材和园林科技人员参考用书。

图书在版编目(CIP)数据

园林工程测量/张中慧主编 . —北京：中国林业出版社，2016.8(2023.2 重印)
高等职业院校"十三五"校企合作开发系列教材
ISBN 978-7-5038-8637-9

Ⅰ．①园… Ⅱ．①张… Ⅲ．①园林 – 工程测量 – 高等职业教育 – 教材 Ⅳ．①TU986.2

中国版本图书馆 CIP 数据核字(2016)第 175759 号

审图号：GS 京(2022)1553 号

中国林业出版社 · 教育出版分社

策划编辑：肖基浒 高红岩 杨长峰 责任编辑：高兴荣 肖基浒
电 话：(010)83143555 传 真：(010)83143516
E-mail：jiaocaipublic@163.com

出版发行：中国林业出版社(100009 北京市西城区德内大街刘海胡同 7 号)
电话：(010)83143500
http：//www. forestry. gov. cn/lycb. html
经 销：新华书店
印 刷：三河市祥达印刷包装有限公司
版 次：2016 年 8 月第 1 版
印 次：2023 年 2 月第 3 次印刷
开 本：787mm×1092mm 1/16
印 张：12.5
字 数：312 千字
定 价：35.00 元

校企合作开发系列教材

编写指导委员会

主　任：宋河山
副主任：刘　和　王世昌
编　委：（按姓氏笔画排序）
　　　　于　蓉　　王军军　　冯晓中　　吉国强
　　　　杜庆先　　李保平　　张先平　　张金荣
　　　　张晓玲　　张爱华　　罗云龙　　赵立曦
　　　　赵　鑫　　段鹏慧　　宿炳林

本书编写人员

主　编：张中慧
编　者：（按姓氏笔画排序）
　　　　李东东（山西家豪测绘集团有限公司）
　　　　张中慧（山西林业职业技术学院）
　　　　赵　栋（山西省测绘地理信息局）
　　　　赵　毅（山西林业职业技术学院）
　　　　高　辉（广州南方测绘仪器公司太原分公司）
　　　　焦志芳（太原生态工程学校）
主　审：李建平（山西省测绘地理信息局）

序

随着我国经济社会的不断发展和生态文明建设的持续推进，对林业教育、尤其是林业职业教育提出了新的、更高的要求。不断明晰林业职业教育的任务，切实采取措施，提升自身的教育质量和水平，成为每一所林业职业院校的历史担当。

山西林业职业技术学院作为山西省唯一的林业类高等职业院校，肩负着培养高素质林业技术技能人才的重任。办学64年以来，学院全面贯彻党的教育方针，坚持以立德树人为根本，以服务发展为宗旨，以促进就业为导向，通过"强内重外"建设生产性实训基地，积极探索产教融合、校企协同育人的办学道路，实施"工学结合"人才培养模式，以"项目导向、任务驱动"作为教学模式改革的着眼点，构建了以培养专业技术应用能力为主线的人才培养方案，使学校培养目标与社会行业需求对接，增强了高素质技术技能人才培养的针对性和适应性，凸显了鲜明的办学特色。

在教材建设方面，学院大力开发校企合作教材，在校企双方全方位深度合作的基础上，学院专业教师和企业技术人员共同修订人才培养方案、制订课程标准，共同确定教材开发计划，进行教材内容的选定和编写，并对教材进行评价和完善。这种校企共同开发的教材在适应职业岗位变化、提高学生职业能力方面都有着重要的作用。

本次出版的《林业地理信息技术》《林业工程监理实务》《园林工程测量》《现代园林制图》《园林绿地景观规划设计》《旅行社运行操作实务》《生态饭店运行与管理实务》《旅游景区动物观赏》《森林旅游景区服务与管理》《旅游市场营销》均是林业技术、园林工程、森林生态旅游专业的专业核心课程教材。其主要特点：一是教材与职业岗位需求实现及时有效地对接，实用性更强。二是教材兼顾高职院校日常教学和企业员工培训两方面的需求，使用面更广。三是教材采用"项目导向、任务驱动"的编写体例，更有利于高职专业教学的实施。四是教材项目、任务由教师和企业技术人员共同设置，更有利于学生职业能力的培养。

相信，本系列教材的出版，会对林业高等职业教育教学质量提升产生积极的作用。当然，限于编者水平，本系列教材的缺点和不足在所难免，恳请批评指正。

编委会

2016年6月

前言

园林工程测量是高职园林技术、园林工程技术等专业的专业基础课。本教材按照高职园林技术、园林工程技术等专业人才培养目标和要求，紧扣园林工程测量课程标准，结合园林工程特点，并将工程测量的素质要求有机融入教材内容，力求理实一体、学练结合、教学过程与实际工作对接。在编写过程中，力求做到测绘名词规范、定义准确、语言通畅。

本教材突出测绘技能培养这条主线，以测量基础知识、基本理论为起点，通过单项技能(测量仪器操作及单项任务)训练、综合技能(综合项目)训练，构建由简单到复杂，由单项技能到综合技能，分层递进的内容结构体系。以园林工程项目为载体，以实际工作岗位的典型任务要求确定教材内容，主要有测量的基础知识及地形图识读、测量的基本工作、地形图测绘、地形图应用、园林工程施工测量5个项目。

本教材可作为高等职业院校园林技术、园林工程技术、园林工程监理等专业教材和成人教育园林相关专业教材，也可作为园林行业职业技术培训教材和园林职工自学用书。

本教材由山西林业职业技术学院张中慧主编。编写人员的具体分工为：张中慧负责编写项目1任务1.1(测量的基础知识)、项目2任务2.1(高程测量之知识准备及任务实施一至三)、任务2.5(全站仪数据采集)、任务2.7(平面点位的测设)、任务2.8(高程及坡度线的测设)、任务2.9(圆曲线的测设)、任务3.2(大比例尺数字化测图)、项目4任务4.1(纸质地形图应用)、项目5任务5.1(园林工程施工测量)；太原生态工程学校焦志芳负责编写项目1任务1.2(识读地形图)、项目2任务2.3(距离测量)、任务2.4(直线定向)；山西省测绘地理信息局赵栋负责编写项目2任务2.2(角度测量)、项目3任务3.1(图根控制测量)；山西家豪测绘集团有限公司李东东负责编写项目2任务2.1(高程测量之任务实施四)、项目5任务5.2(竣工测量)；广州南方测绘仪器公司太原分公司高辉负责编写项目2任务2.6(CASS基本操作)、项目4任务4.2(数字地形图应用)；山西林业职业技术学院赵毅负责编写项目2任务2.1(高程测量之任务实施五至八)。全书由张中慧统稿，由山西省测绘地理信息局李建平审定。

在本教材编写过程中，广州南方测绘仪器公司太原分公司、山西省测绘局技能鉴定中心等单位提供案例素材，并参考了相关资料和著作，同时山西林业职业技术学院各级领导给予了大力支持，在此谨向他们和相关作者表示衷心的感谢！由于时间仓促和编者水平所限，书中难免有不妥之处，敬请各位同仁和读者批评指正。

编　者
2016 年 11 月

目录

测量实训须知

由于测量课程的实践性强，无论是课堂教学还是实训实习，多数时间要借领仪器工具，为了了解仪器和工具的借领程序和使用的注意事项，以及记录计算规则等，在本课程开课之初要求教师组织学生学习《测量实训须知》，以避免丢失、损坏仪器和工具以及对人员造成伤害。

一、测量实训规定

（1）在每次实训实习前，应认真复习教材中的相关内容，预习实训实习指导书，明确实训目的、要求，熟悉方法、步骤及注意事项，准备好所需记录簿及文具。

（2）实训分小组进行，各组按统一办理仪器和工具的借领、归还手续。

（3）实训实习应在规定时间、指定的地点进行，不得无故缺勤、迟到或早退，不得擅自改变实训地点或离开现场。实训结束时，组长要组织本组人员进行总结评比并向指导教师汇报。

（4）实训实习过程中要服从教师的安排，认真操作，观测、记录等工作均应轮流进行，全组人员要统一协调、互相配合。每项实训都应取得合格的成果并提交规范的实训报告，经实训教师审阅后，方可离开现场。

（5）实训过程中，应遵守纪律，注意安全，爱护仪器和工具，爱护公共设施。

（6）严格遵守"测量仪器和工具的借领与使用规则"和"测量记录与计算规则"。

二、测量仪器工具的借领与使用规则

1. 测量仪器工具的借领

（1）在规定时间、指定地点办理借领手续，以小组为单位领取仪器和工具。

（2）借领时应当场清点、检查。确定所领实物与清单是否相符，仪器各螺旋是否完好并起作用，望远镜有无损坏，仪器和工具及其附件是否齐全，背带是否牢固，脚架是否完好等。如有缺损，应及时补领或更换。

（3）检查无误后，组长签字，当场指定各仪器和工具的具体保管人，责任落实到人。锁好仪器箱、捆扎好各种工具，方可离开借领地点。搬运仪器工具时，应轻取轻放，避免剧烈震动。

(4)仪器工具借出后，各小组之间不得擅自调换。

(5)施测结束后，应及时收放、归还仪器工具，当面检查、验收、登记并签字。如有丢失或损坏，应如实登记，写出书面报告说明情况，并按规定赔偿。

2. 测量仪器工具使用注意事项

(1)携带仪器时，应预先检查仪器箱盖是否关紧锁好，拉手、背带是否牢固。

(2)打开仪器箱后，要牢记仪器在箱中的安放位置，以便用后按原样放回。从箱内取仪器时，应双手握紧支架或基座，轻轻取出。仪器安装至三脚架时，应先检查三脚架螺旋是否拧紧，三脚架是否稳固，再一手握住仪器，另一手拧连接螺旋，使仪器与三脚架连接牢固。装好仪器后，应及时关闭仪器箱盖。

(3)仪器应避免架设在交通干道上。仪器必须有人看守，不可将仪器靠在墙边或放在树上，以防被物体击倒或跌损。

(4)野外使用仪器时，应打伞，以防日晒雨淋。日光下测量应避免将物镜直接瞄准太阳；若在阳光下作业，应安装滤光器。

(5)仪器镜头表面需清洁时，应先用软毛刷轻轻拂去污物，再用镜头纸或脱脂棉轻轻擦净，切不可用其他物品擦拭。观测结束后应及时盖好物镜盖。

(6)拧动仪器各部螺旋时，用力要适当，不得过紧。转动仪器或望远镜时，应先松开制动螺旋，再轻轻转动。使用微动螺旋时，应先旋紧制动螺旋。微动螺旋不得转至尽头，防止失灵。

(7)使用仪器时，应认真听指导教师介绍和安排。对仪器性能尚不了解的部件，使用前应咨询指导教师，未经许可不得擅自操作。

(8)仪器使用完毕，电子类测量仪器，应关闭电源。仪器收放时，要松开制动螺旋，一手握住仪器，另一手拧连接螺旋，将仪器从脚架取下，双手握紧支架或基座，轻轻放于仪器箱，确认安放准确后，再拧紧制动螺旋，最后关箱上锁。

(9)仪器搬站时，应先拧紧制动螺旋。对于长距离或行走困难地段，应将仪器装箱。在短距离和平坦地段，应一手抱三脚架，另一手握基座或支架，竖直搬移，严禁横扛在肩上搬移。

(10)若欲清洁全站仪或测距仪使用的反光镜，应先用软毛刷轻轻拂去污物，再用镜头纸或脱脂棉轻轻擦净，切不可用其他物品擦拭。观测结束后应及时盖好镜盖。

(11)使用水准尺、标杆时，应专人扶直，不得贴靠在其他物体上。携带或放置时，应注意避免磨损分划和漆面。禁止用于抬东西或在其上坐人。

(12)使用钢尺、皮尺时，应在留有2~3圈的情况下拉尺，用力不要过猛，以免将连接部分拉坏。携尺前进时，应将尺身提起，不得沿地面拖行，以免磨损、刻划。钢尺应防止扭曲、打结、踩踏和碾压等，用毕应擦净、涂油，以防生锈。皮尺应严防潮湿，如果受潮，应晾干后再卷入尺盒内。

(13)测图板应注意保护板面，不可受潮，不得乱写乱画或垫坐。

(14)小件工具如垂球、测钎、尺垫等，应指定专人负责保管，用完即收，防止遗失。

三、测量记录与计算规则

(1)观测手簿是测量成果的原始资料。为保证测量成果的严肃性、可靠性，要求各项记录必须在测量时直接、及时地记入手簿，严禁凭记忆补记或记录在其他地方而后进行转抄。

（2）外业观测数据必须记录在编号、装订成册的手簿上，手簿不得空页。作废的记录应保留在手簿上。不得撕页，不得在手簿上乱写乱画。

（3）观测前应熟悉记录手簿中的各项内容及填写、计算方法，所有观测成果均应用2H或3H绘图铅笔直接记入手簿并妥善保存原始资料。

（4）记录观测数据之前，应将仪器型号、日期、天气、测站、观测者及记录者姓名填写齐全。

（5）观测员读出数字后，记录者应回报一遍，观测员没有否定后，方可记录，以防听错、记错。

（6）记录字体应端正清晰，数位对齐。记录时文字均用正楷体，阿拉伯数字用记录字体。数字记录字体如下：

$$1234567890$$

书写时应注意以下几个问题：

①略微向右倾斜，写起来自然流畅，符合书写习惯，不易相互更改。

②"1"起笔带钩，使之不易改成"4""7""9"等；钩不易太长，以防误认为"7"。

③"7"的拐角应带棱，一笔到底，竖笔应有一定的弧度。

④"8"应一笔写成，起笔、停笔在右上角并留有缺口，可防止由"3"改"8"。

⑤"9"的缺口也留在右上角，可防止由"0"改"9"。

⑥字体大小占格高的1/2，留出空白作改正错误用，改正后应在改正处签字。

（7）记录数字位数要全，不得省略。如水准尺读数1.450m或0.800m，度盘读数230°00′06″或0°37′00″中的"0"均应填写，分、秒要按两位数记录。对于有正、负意义的量，在记录计算时，都应带上"＋"号或"－"号，特别注意"＋"号不能省略。

（8）外业观测手簿中记录数字如果有错误，严禁用橡皮擦涂、就字改字、小刀刮或挖补。更正时应用横线将错误数字划去，而将正确数字写在原始数字上方，并备注栏内注明原因。除计算数据外，所有观测数据的更正和淘汰必须在备注栏内注明原因和重测结果记于哪一页。重测记录前，均应写"重测"二字。

（9）在同一观测站内，不得有两个相关数据"连环涂改"。如改"平均数"则不准再改任何一个原始数据。假如两个数均记错，则应重测重记。

（10）水平角观测，秒值读记错误应重新观测，度、分读记错误可在现场更正，但同一方向盘左盘右不得同时更改相关数字。垂直角观测中分的读数，在各测回中不得连环更改。

（11）距离测量和水准测量中，厘米及以下数值不得更改，米和分米的读记错误，在同一距离、同一高差的往返测或两次测量的相关数字不得连环更改。

（12）数据运算应根据所取位数，按"4舍6入，5前奇进偶舍"的取数规则凑整，如数据1.243 5和1.244 5在保留三位小数时均进位为1.244。

（13）在内业用表格进行平差计算时，已知数据用钢笔填写，计算过程用铅笔，最后结果用钢笔。如果填写和计算有错误之处，可以用橡皮擦去。但不准将整个计算重新抄一遍

（"转抄"），以免在抄写过程中将数字抄错。

四、测绘资料的保密

（1）测量外业中所有观测记录、计算成果均属保密资料，应妥善保管，任何单位和个人均不得乱扔乱放，更不得丢失和作为废品卖掉。所有报废的资料需经有关保密机构同意，并在其监督下统一销毁。

（2）测绘内业生产或科研中所用未公开的测绘数据、资料也都属于国家机密，要按有关规定进行存放、使用和按有关密级要求进行保密。由于业务需要接触秘密资料的人员，应按规定领、借资料，用过的资料或作业成果要按规定上交。任何单位和个人不得私自复制有关测绘资料。

（3）传统的纸介质图纸、数据资料的保管和保密相对容易，而数字化资料一般都以计算机磁盘（光盘）文件存储，要特别注意保密问题。未公开的资料不得以任何形式向外扩散。任何单位和个人不得私自拷贝有关测绘资料；生产作业或科研所用的含涉密资料的计算机一般不要"联网"，必须接入互联网的要进行加密处理。

（4）在使用计算机进行内业作业时，要养成良好的习惯，在对一个文件处理之前首先要备份，作业过程中注意随时存盘，作业结束后要及时备份和上交资料，以免前期工作前功尽弃，甚至造成不可挽回的损失。每过一段时间（如一项任务完成并通过验收后），要清理所有陈旧的备份，以清理计算机的磁盘空间，避免以后使用时发生冲突或误用陈旧的数据；另外也是保密的需要，以免无关人员接触。

项目1 测量的基础知识及地形图识读

明确测量学的定义与任务，了解普通测量学的研究范围以及理论基础，明确测量的基本问题和基本工作、测量的坐标系和高程系等基础知识，是学好本课程的基础。测量工作的成果之一是绘图，为项目2和项目3相关内容之需要，本项目学习测量基础知识和地形图识读。在项目2中将学习各类测量仪器的操作及高程、角度、距离等基本测量工作，涉及精度评定问题，本项目将简要介绍有关误差的来源和精度评定的方法。

学习目标

☞ **知识目标**
1. 明确测量学的定义、任务。
2. 了解地球的形状和大小，理解大地水准面的特性和作用。
3. 了解测量坐标系和高程系。
4. 明确测量误差的定义、来源和分类，理解不同观测量评定精度的标准。
5. 区分平面图、地形图、地图、影像地图、电子地图等，理解正射投影。
6. 了解地形图按比例尺大小的分类及不同用途，了解国家基本比例尺地形图系列。
7. 理解等高线及性质，区分等高距、等高线平距。
8. 了解地形图的梯形、矩形分幅编号方法及图号的含义。

☞ **技能目标**
1. 掌握投影带及带号的计算方法。
2. 掌握用比例尺公式进行图上长度与实地水平距离的换算。
3. 掌握利用电子地图查阅医院、学校、公园、公交线路等相关信息。
4. 熟悉地形图的图廓外注记内容，熟悉地物、地貌符号，能阅读地形图。
5. 能上网利用电子地图查询信息。

任务 1.1 测量的基础知识

任务目标

通过本任务的学习，要求明确测量学的定义、任务，了解在园林建设中的作用，明确学习目标；了解对于普通测量学，地球的形状和大小；理解水准面、大地水准面的特性和作用，区分大地体、参考椭球体；理解表示地面点的要素及坐标系、高程系；明确测量的基本问题、基本工作、基本原则；了解水平面代替水准面对距离及高差的影响。

为阅读地形图，要求理解高斯投影的特征，了解投影带的划分方法。为绘制、阅读及应用地形图，要求学生熟练掌握比例尺公式的应用，理解分划值，学会使用图示比例尺。

因项目 2 各测量任务涉及精度评定，要求学生明确测量误差的定义、来源和分类，理解不同观测量评定精度的标准。

任务描述

园林工程测量是园林类专业的基础课，本任务将介绍测量学的定义、分类以及任务，结合专业课需要以及就业方向，使学生明确学习本课程的重要性以及学习任务和目标。普通测量学研究范围为地球局部地区，测量工作是在地球表面上进行的，本任务将学习地球的形状和大小、测量坐标系和高程系、高斯投影、地球曲率对距离和高程的影响等基础知识。

数字比例尺和图示比例尺是绘图、用图的基础，通过本任务的学习，要求学生熟练掌握数字比例尺和图示比例尺应用。任何测量工作，均有大小不等的误差，本任务将学习误差的定义、来源、分类，以及距离、角度、高程等不同观测量的精度评定方法。

知识准备

1.1.1 测量学的定义、任务以及在园林建设中的作用

1.1.1.1 测量学的定义和任务

测量学是一门研究地球表面局部地区测绘工作的基本理论、技术、方法和应用的学科。

根据研究的范围和对象不同，测量学的发展已经形成大地测量学、普通测量学、摄影测量学、工程测量学、海洋测量学等分支学科。其中普通测量学是测量学的基础，主要研究图根控制网的建立、地形图测绘及一般工程施工测量，具体工作有距离测量、角度测量、高程测量、观测数据的处理和绘图等。工程测量学是研究工程建设和自然资源开发中各个阶段进行的控制测量、地形测绘、施工放样、变形监测的理论和技术的学科。农林类专业的学生，应着重学习普通测量学以及工程测量学。

测量学的主要任务是测定和测设。

测定——使用测量仪器和工具，通过测量与计算将地物地貌位置按一定比例尺、规定的符号缩小绘制成地形图，供科学研究和规划设计等使用。

测设——将图上规划设计好的建筑物和构筑物的位置和高程，准确地在实地上标定出来，作为施工的依据。

另外，用图也是应掌握的基本技能之一。主要包括地貌判读、地图标定、确定站立点和利用地图分析地形等。

1.1.1.2 测量学在园林建设中的作用

在农林业生产建设中，如森林和土地资源调查、宜林地的造林设计；农田防护林的营造；农业科技示范园、园林工程和果园的规划设计、施工；森林旅游风景区的规划等，都需要测图和用图。

农林类专业的学生，应通过本课程的学习，掌握必要的测绘理论知识和操作技能（如地形图测绘、施工放样、变形观测以及地形图应用）。《园林工程测量》是园林专业的专业基础课，学习必要的理论基础知识和操作技能为将来从事园林等工作打下扎实的专业基础。

1.1.2 地球的形状和大小

地球是一个南北极稍扁、赤道稍长、平均半径约为 6 371km 的椭球体。测量工作主要是在地球表面进行的，而地球的自然表面高低起伏不平，形态十分复杂，其中海洋面积约占 71%，陆地面积约占 29%。最高点珠穆朗玛峰高达 8 844.43m，最低点太平洋的马里亚纳海沟深达 11 022m，尽管高低起伏很大，但与地球庞大的体积相比仍显微不足道。因此，可把地球总体形状看作是由静止的海水面向陆地延伸所包围的球体。在地面上进行测量工作应理解重力、铅垂线、水准面、大地水准面、参考椭球面和法线的概念及关系。

如图 1-1(a) 所示，地球上的任一点都同时受到地球自转产生的离心力和地心引力的作用，其合力称为重力。重力的作用线称为铅垂线。铅垂线是测量工作的基准线。

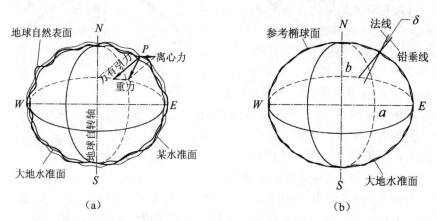

（a）   （b）

图 1-1 地球自然表面、水准面、大地水准面、参考椭球面、铅垂线、法线间的关系

处处与重力方向垂直的封闭曲面称为水准面。由于水准面的高度可变，通过任何高度的点都有一个水准面，因而水准面有无数个，其中与平均海水面相吻合的水准面称为大地水准面。大地水准面所包围的形体称为大地体。大地水准面是测量工作的基准面。

如图 1-1(b) 所示，由于地球引力的大小与地球内部的质量分布不均匀有关，致使地面上各点的铅垂线方向产生不规则的变化，因而大地水准面是一个略有起伏的不规则曲面，在此曲面上不变推算点位，不能作为确定点位的基准面，为解决投影技术问题，通常选择一个与大地水准面十分相近而又可用数学公式表达的旋转椭球面作为投影的基准面，来代替大地水准面作为测量计算的基准面。

决定地球旋转椭球体形状和大小的参数为椭圆的长半轴 a 和短半轴 b，还可根据 a 和 b 定义扁率 α 和椭球偏心率 e。

新中国成立后我国采用过的参考椭球参数以及 GPS 定位系统使用的参考椭球参数见表1-1。

表 1-1　参考椭球参数值

坐标系名称	$a(\mathrm{m})$	$b(\mathrm{m})$	α	e^2
1954 年北京坐标系	6 378 245	6 356 863	1:298.3	0.006 738 525 414 683
1980 西安坐标系	6 378 140	6 356 755	1:298.257	0.006 739 501 817 47
WGS-84 坐标系(GPS 用)	6 378 137	6 356 752	1:298.223 563 257	0.006 739 496 742 23

由于参考椭球体的扁率很小，当测区面积不大时，可以把地球视为圆球，其半径 6 371km。

1.1.3　参考椭球定位

在一定条件下确定参考椭球在地球体内的位置和方向，称为参考椭球定位。地球的形状确定后，还应进一步确定大地水准面与旋转椭球面的相对关系，才能把观测结果化算到椭球面上。如图 1-2 所示，在一个国家的适当地点，选择一点 P，设想把椭球与大地体相切，切点 P' 点位于 P 点的铅垂线方向上，这时椭球面上 P' 的法线与大地水准面的铅垂线相重合，该点称大地原点；同时使椭球的短轴与地轴保持平行且椭球面与这个国家范围内的大地水准面差距尽量的小。由此椭球与大地水准面的相对位置便固定下来，这就

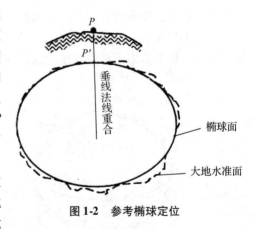

图 1-2　参考椭球定位

是参考椭球的定位工作，根据定位的结果确定了大地原点的起算数据，并由此建立国家大地坐标系。我国采用 1975 国际椭球参数，在西安建立了大地原点，并在大地原点上进行了精密测量，获得了大地原点的点位基准数据，根据该原点推算而得的坐标定名为"1980 西安坐标系"。

1.1.4　测量坐标系与地面点位的确定

无论是测定还是测设，都需要通过确定地面的空间位置来实现。空间是三维的，所以表示地面点在某个空间坐标系中的位置需要三个参数，确定地面点位的实质就是确定其在

某个空间坐标系中的三维坐标。

1.1.4.1　确定点的球面位置的坐标系

由于地表高低起伏不平，所以一般是用地面某点投影到参考曲面上的位置和该点到大地水准面间的铅垂距离来表示该点在地球上的位置。为此，测量上将空间坐标系分解为确定点在球面上位置坐标系（二维）和高程系（一维）。确定点在球面上位置坐标系有地理坐标系和平面直角坐标系两类。

（1）地理坐标系

将地球视为球体，按经、纬线划分的坐标格网为地理坐标系，用以表示地球表面某一点的经度和纬度。依据采用的投影面不同，又分为天文地理坐标系和大地地理坐标系。

天文地理坐标系又称天文坐标，表示地面点投影在大地水准面上的位置，其基准是铅垂线和大地水准面，它用天文经度 λ 和天文纬度 ψ 来表示点在球面上的位置。天文地理坐标系可以在地面上用天文测量的方法测定。

大地地理坐标系又称大地坐标，是表示地面点在参考椭球面上的位置。常用大地经度 L、大地纬度 B 和大地高表示地面点的空间位置。其基准是法线和参考椭球面。它用大地经度 L 和大地纬度 B 来表示点在球面上的位置。大地经纬度是根据大地原点（该点的大地经纬度和天文经纬度一致）的大地坐标，按大地测量所得的数据推算而来。我国以陕西省泾阳县永乐镇石际寺村大地原点为起算点，由此建立的大地坐标系，称为"1980 西安坐标系"；通过与俄罗斯 1942 年普尔科沃坐标系联测，经我国东北传算过来的坐标系称"1954 年北京坐标系"，其大地原点位于俄罗斯圣彼得堡天文台中央。

（2）平面直角坐标系

①地区平面直角坐标系　当测量的范围较小时，可把地球表面视为水平面，直接将地面点沿铅垂线投影到水平面上，用平面直角坐标来表示它的投影位置。如图 1-3 所示，在测区的西南角，设置一个原点 O，使测区全部落在第 I 象限内。令通过原点的南北线为纵坐标轴 x，与 x 轴相垂直的方向为横坐标轴 y。坐标轴将平面分成 4 个象限，其顺序依顺时针方向排列，各点坐标规定由原点向上、向右为正。测量上使用的平面坐标系与数学上的坐标系不同，这是因为测量工作中规定所有直线的方向都是以纵坐标轴北端顺时针方向量度的。经这种变换，既不改变数学公式，又便于测量中方向和坐标的计算。测量上用的平面直角坐标原点有时是假设的。

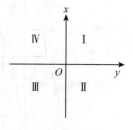

图 1-3　测量平面直角坐标系

②高斯平面直角坐标系　高斯平面直角坐标系采用高斯—克吕格投影的方法建立。高斯投影是按照一定的数学法则，把参考椭球面上的点、线投影到可展开面上的方法，是实现球面与平面间转换的科学方法。如图 1-4 所示，设想用一个椭圆柱面横套在地球椭球体外面，使它与椭球面上某一子午线（称为中央子午线）相切，椭圆柱的中心轴通过椭球体中心，然后将中央子午线两侧一定经差范围内的图形投影到椭圆柱面上，再将此柱面展开成平面（图 1-5）。故高斯投影又称为横轴椭圆柱投影。

把球面上的图形投影到平面上，将会出现 3 种投影变形：距离变形、角度变形和面积变形。在制作地图时，可根据需要来控制变形或使某一种变形为零，如等角投影（又称正型投影）、等距投影以及等积投影等。高斯投影是正型投影的一种。

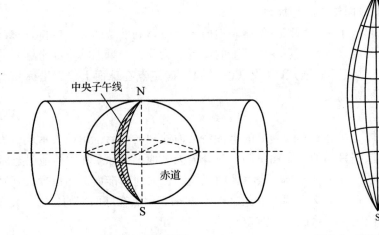

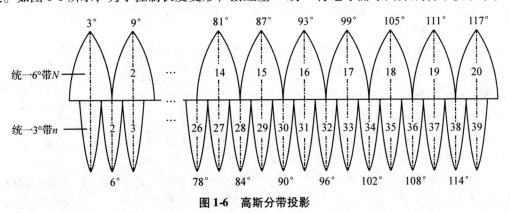

图 1-4　高斯投影	图 1-5　高斯投影带

高斯投影具有如下特点：椭球体面上的角度投影到平面上之后，其角度相等；中央子午线投影为直线且长度不变，其余子午线投影均为凹向中央子午线的对称曲线；赤道也投影为直线，并与中央子午线垂直，其余纬线的投影均为凸向赤道的对称曲线。

高斯投影中，除中央子午线外，各处均存在长度变形，且距中央子午线越远，变形越大。如图 1-6 所示，为了控制长度变形，按经差 6°或 3°将地球椭球面分成若干投影带。

图 1-6　高斯分带投影

6°带：从 0°子午线起，每隔经差 6°自西向东分带，依次用 1~60 编号。带号 N 与相应的中央子午线经度 L_0 的关系是：

$$N = \left[\frac{L}{6°} \right] + 1 \tag{1-1}$$

式中　L——某地的经度。

$$L_0 = 6°N - 3 \tag{1-2}$$

3°带：自东经 1.5°子午线起，每隔经差 3°自西向东分带，依次用 1~120 编号。带号 n 与相应的中央子午线经度 L_0' 的关系是：

$$n = \left[\frac{L}{3°} + 0.5 \right] \tag{1-3}$$

$$L_0' = 3°N \tag{1-4}$$

如图 1-7 所示，在一个高斯投影带，以中央子午线投影为纵轴 x，以赤道投影为横轴 y 所构成的平面直角坐标系，称为高斯平面直角坐标系。

我国位于北半球，纵坐标值 x 均为正值，而横坐标值 y 有正负之分。如图 1-8 所示，为使用方便，将 x 轴向西平移 500km，则所有点的 y 值均加了 500km，避免了 y 坐标出现负值。此外，为便于区别所在投影带，还在横坐标值前冠以投影带带号，这种坐标称为通用坐标。

如图 1-7 所示，A 点的高斯平面直角坐标 $y_A = -176\,543.211$m。若该点位于第 19 带内，则该点的国家统一坐标表示为 $y_Q = 19\,323\,456.789$m（图 1-8）。

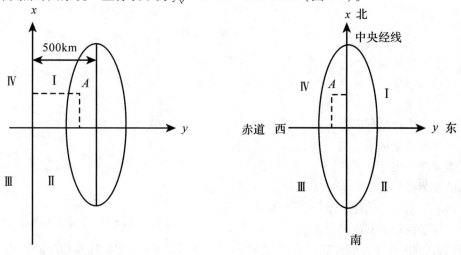

图 1-7 高斯平面直角坐标　　　　　　　　图 1-8 通用坐标

1.1.4.2 确定点的高程系

地面点至大地水准面的垂直距离称为绝对高程或海拔，简称高程。为了使我国的高程系统达到统一，规定采用以青岛验潮站 1950—1956 年测定的黄海平均海平面作为全国统一高程基准面，凡由该基准面起算的高程，统称为"1956 年黄海高程系"。该高程系的青岛水准原点的高程为 72.289m。

由于观测数据的积累，20 世纪 80 年代，国家又对青岛验潮站 1953—1979 年潮汐观测资料计算出平均海平面，重新推算出水准原点的高程为 72.260m。我国自 1987 年开始启用新的高程系，并命名为"1985 国家高程基准"。由 1956 年黄海高程系的高程系换算为 1985 国家高程基准的高程时，需要减去 29mm。

若远离国家高程控制点或为便于施工，在局部地区亦可建立假定高程系统，地面点到假定水准面的垂直距离，称为相对高程或假定高程。如图 1-9 所示，A、B 两点的相对高程分别为 H'_A 和 H'_B。两点高程之差称为高差 h，即

$$h_{AB} = H_B - H_A = H'_B - H'_A \tag{1-5}$$

1.1.4.3 地心坐标系

以地球质心或几何中心为原点的坐标系，称为地心坐标系，属空间三维直角坐标系，用于卫星大地测量。地心坐标系的原点与地球质心重合（图 1-10）。z 轴指向北极且与地球自转轴相重合，x、y 轴在地球赤道平面内，首子午面与赤道平面的交线为 x 轴，y 轴垂直于 xoz 平面。地面点 P 的空间位置用三维直角坐标 Xp、Yp、Zp 来表示。WGS-84 世界大地

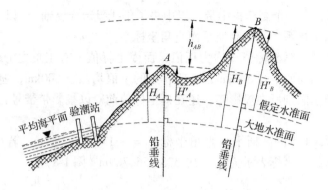

图 1-9　高程与高差

坐标系是地心坐标系的一种，应用于 GPS 卫星定位测量，并可将该坐标系换算为大地坐标系或其他坐标系。

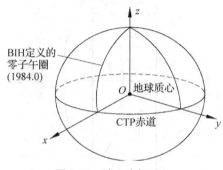

图 1-10　地心坐标系

　　我国现有大地坐标系存在的问题有：坐标系统不统一、非地心坐标系、椭球欠佳、精度偏低、测量标志遭到严重破坏，无法满足新技术的要求。空间技术的发展成熟与广泛应用迫切要求国家提供高精度、地心、动态、实用、统一的大地坐标系作为各项社会经济活动的基础性保障。

　　我国自 2008 年 7 月 1 日起，启用 2000 国家大地坐标系（英文名称为 China Geodetic Coordinate System 2000，CGCS2000），是全球地心坐标系在我国的具体体现，其原点为包括海洋和大气的整个地球的质量中心。特征为地心的、三维的、高精度、定义符合 IERS（国际地球自转和参考服务）协议，体现了科学性、先进性和统一性。

1.1.5　地球曲率对测量工作的影响

　　当测区范围较小时，可将大地水准面近似当作水平面看待。那么，这个范围究竟有多大呢？

1.1.5.1　水准面曲率对距离的影响

　　在图 1-11 中，设 cp 为水准面一段弧长 D，所对圆心角为 θ，地球半径为 R，另自 c 点作切线 cp'，设长为 l。若将切于 c 点的水平面代替水准面的圆弧，则在距离上将产生误差 ΔD。计算公式为：

$$\Delta D = \frac{D^3}{3R^2} \tag{1-6}$$

两端用 D 去除，得相对误差为：

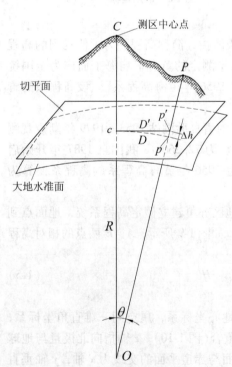

图 1-11　地球曲率的影响

$$\frac{\Delta D}{D} = \frac{D^2}{3R^2} \qquad (1\text{-}7)$$

以不同的 D 值代入上述两式,求出距离误差(ΔD)及其相对误差($\Delta D/D$)见表 1-2。

表 1-2　用切平面代替水准面在距离方面引起的误差

距离 D(km)	距离误差 ΔD(cm)	距离相对误差 $\Delta D/D$
10	0.8	1/120 万
25	12.8	1/20 万
50	102.7	1/4.9 万
100	821.2	1/1.2 万

取 $R = 6\ 371\text{km}$,当 $D = 10\text{km}$ 时,用切平面代替水准面在所产生的距离误差仅为 0.82cm,其相对误差为 1/120 万。目前大地测量中使用的精密电磁波测距仪精度为 1/100 万,地形测量中普通钢尺的量距精度约为 1/3 000。因此,一般地形测量中(测区为半径 10km 的区域)测量距离时,可不考虑水准面曲率对距离的影响。

1.1.5.2　水准面曲率对高差的影响

在图 1-11 中,c、p 两点在同一水准面上,高程相等,若以水平面代替水准面,则 p 点移到 p' 点,由此所产生的高程误差 Δh 称为地球弯曲差,简称球差。计算公式为:

$$\Delta h = \frac{D^2}{2R} \qquad (1\text{-}8)$$

不同 D 值代入上式,结果见表 1-3。

表 1-3　用切平面代替水准面在高程方面引起的误差

圆弧长度 D(km)	0.1	0.2	0.5	1	5	10
高差误差 Δh(mm)	0.8	3.1	20	80	1 960	7 850

由表 1-3 可知,用切平面代替大地水准面作为高程起算面,对高程的影响是很大的,两点距离为 200m 时,高差误差为 3.1mm。因此,高程起算面不能用切平面代替,最好使用大地水准面。

1.1.6　测量工作概述

1.1.6.1　测定

一般而言,普通测量工作的目的就是测定地球表面的地形并绘制成图。而地形是错综复杂的,但可将其分为地物和地貌两大类,如图 1-12(a)所示。地物是地表面的固定性物体,如居民地、道路、独立地物等;地貌是地球表面各种起伏的自然形态,如盆地、丘陵、高山等。

测绘地形图的实质是通过测量地物、地貌特征点的坐标,如图 1-12(a)中建筑物转角、道路转角、山顶、鞍部等,然后按一定的比例尺和图式规定的符号缩小展绘在图纸上。地物、地貌特征点又称碎部点,测量碎部点坐标的工作称为碎部测量。

由图 1-12(a)可知,若 A、B 点的坐标已知,则在 A 点安置仪器,通过观测 B 点定向,即可对 A 点附近地形点进行测量。因此,要测绘地形图,首先应在测区内均匀布设一些具

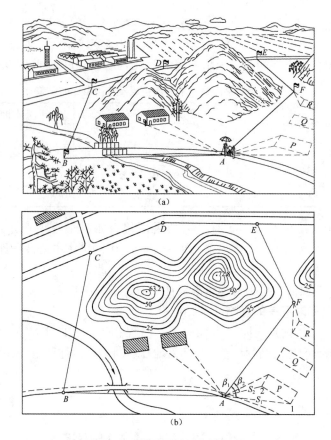

图 1-12　某测区地形与地形图

有控制意义的点(如图 1-12 中 A、B、C 等)，通过测量计算出它们的 x、y、H 三维坐标，然后根据这些点进行碎部测量。测量上将这些点称为控制点，测量与计算控制点坐标的工作称为控制测量。

　　无论地物和地貌多么复杂，它们总是由自身的特征点所构成，只要在实地测绘出这些特征点的位置，再在图上绘出相应的点，地面上地物和地貌的形状和大小就能在图上得到正确反映。因此，测量的基本问题就是测定地面点的平面位置和高程。

　　如图 1-12(a)，为了测定地面点 F 的坐标，需要已知 A 的三维坐标，再测量 AF 间的水平距离、F 点在 A 点的什么方位、AF 的高差。由此可见，距离、角度和高程是确定地面点位置的三个基本几何要素，距离测量、角度测量及高程测量是测量的基本工作。

1.1.6.2　测设

　　图 1-12(b) 为图 1-12(a) 的地形图。根据需要，在图纸上设计出了 P、Q、R 三幢建筑物，用极坐标法将它们的位置标定到实地的方法是：在控制点 A 安置仪器，使用 F 点(稍远较好)定向，由 A、F 已知坐标及 P、Q、R 三幢建筑物轴线点的设计坐标计算出水平角 β_1、β_2、…和水平距离 S_1、S_2、…，然后用仪器分别定出水平角 β_1、β_2、…所指的方向，并沿这些方向量出水平距离 S_1、S_2、…，即可在实地上定出 1，2，…等设计建筑物的平面位置。

　　根据上述介绍可知，测定与测设都是在控制点上进行的。一般情况下，要在一个测站点上将该测区的所有地物和地貌测绘出来是不可能的。测站越多，误差积累越大，也就不可能达到一张符合精度要求的地形图。因此，为了防止误差积累，确保测量精度，在测量的布局上，要"由整体到局部"；在测量次序上，要"先控制后碎部"；在测量精度上，要"从高级到低级"。这就是测量工作应遵循的基本原则。同时，就具体的测绘工作而言，应做到"项项遵规范，步步有校核"。以获得符合精度要求的测量成果。

1.1.7　比例尺

地形图是按一定比例尺，用规定的符号表示地物、地貌的平面位置和高程的正射投影图。图上某一线段的长度与地面上相应线段的水平距离之比，称为比例尺。如图上 1cm 等于地面上 20m 的水平长度，称为 1/2 000 的比例尺。

1.1.7.1　比例尺的种类

比例尺的表现形式常见有两种：数字比例尺和直线比例尺。

（1）数字比例尺

用分子为 1 的分数表示的比例尺，称为数字比例尺。设图上直线长度为 d，相应于地面上的水平长度为 D，则比例尺公式为：

$$\frac{d}{D} = \frac{1}{M} \tag{1-9}$$

式中，分母 M 一般为比较大的整数。M 越小，比例尺的值越大，反映地物越详细；反之，M 越大，比例尺的值越小，反映地物越简略。

利用式（1-9）可以进行图上长度与实地平距之间的相互换算。例如，地面上两点的水平长度为 100m，在地图上以 10cm 的长度表示，则这张图的比例尺为 $\frac{10\text{cm}}{100\text{m}} = \frac{1}{1\ 000}$，或记为 1∶1 000。

（2）直线比例尺

以一定长度的线段和数字注记表示的比例尺，称为直线比例尺。一般绘在数字比例尺下方，用分规可直接在图上量测距离，并消除图纸伸缩对距离的影响。

三棱尺是实物形式直线比例尺，一般在绘制直线或量取距离时使用，其分划值为尺上一小格代表实地长度，计算方法为：

$$三棱尺分划值 = \frac{相邻两注记之差}{相邻两注记间格数} \tag{1-10}$$

1.1.7.2　比例尺精度

在正常情况下，人眼在图上能分辨的两点间最小距离为 0.1mm。因此，实地平距按比例尺缩绘在图纸上时，不能小于 0.1mm。相当于图上 0.1mm 的实地水平距离 D，称为比例尺的最大精度。它等于 0.1mm 与比例尺分母 M 的乘积，即 $D = 0.1\text{mm} \times M$。不同比例尺的相应精度见表 1-4。

表 1-4　不同比例尺的精度

比例尺	1∶500	1∶1 000	1∶2 000	1∶5 000	1∶10 000	1∶25 000
比例尺精度（m）	0.05	0.10	0.20	0.50	1.00	2.50

在实际工作中，应用比例尺精度，在以下两个问题上可参考决定：

（1）按测图精度要求选用测图比例尺

假设在图上需要表示出 0.2m 的地面水平长度，此时应选用不小于 0.1mm/200mm = 1/2 000的测图比例尺。

（2）根据比例尺大小确定量距精度

假设测图比例尺为 1/1 000，则实地量距时需要精确到 0.1mm × 1 000 = 0.1m，过高的精度在图上将无法表示出来，过低的精度达不到要求。

现在各单位已普遍使用全站仪、RTK、专业绘图软件等进行数字化作业，速度快，精度高，均可满足精度要求。

1.1.8 测量误差的基本知识

测量生产实践表明，只要使用仪器对某个量进行观测，就会产生误差。在同等条件下（相同的外界环境，同一个人使用同一台仪器），对某个量 l 进行多次重复观测，得到的一系列观测值 l_1，l_2，$\cdots$，l_n 一般互不相等。设观测量的真值为 L，则观测量 l_i 的真误差 Δ_i 为：

$$\Delta_i = l_i - L \tag{1-11}$$

产生误差的原因主要有：仪器工具不完善、观测者感官能力受限制和外界环境（如温度、湿度、风力、大气折光等）。任何测量工作都离不开这三方面观测条件，所以测量误差的产生是不可避免的。

1.1.8.1 观测误差的分类

根据观测误差对结果影响性质不同，可分为系统误差和偶然误差两类。

（1）系统误差

对某量做多次同精度观测，若误差的符号相同，数值大小保持常数或按一定规律变化着，这种误差称为系统误差。如某钢尺名义上长度为 50m，与标准尺比较短 1cm，用该尺丈量 50m 的距离，就会产生 1cm 的误差；丈量 300m 的距离，就会产生 6cm 的误差，量距越长，误差累计越多。故系统误差具有累积性，但又有一定规律，可找出其中规律加以消除或减弱。

（2）偶然误差

对某量做多次同精度观测，误差的符号和大小表面看无规律，但具有统计规律，这种误差称为偶然误差。如在进行水准测量时，在 cm 分划的水准尺上估读 mm 时，估读的数有时偏大，有时偏小；使用经纬仪测量水平角时，由于大气折光使望远镜中目标成像不稳定，引起瞄准目标有时偏左，有时偏右。这类误差在观测结束前无法预见其符号和大小。表1-5是在某测区，相同观测条件下对 358 个三角形的观测，计算出三角形闭合差并划分为正误差、负误差，按 ±3″ 分区间统计结果。将表 1-5 中数据绘制成图表形式进行分析如图 1-13 所示，可总结出偶然误差的统计学规律如下：

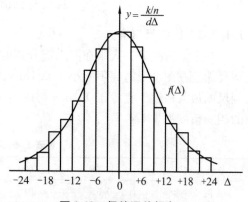

图 1-13 偶然误差频率

表 1-5　偶然误差统计结果

误差区间(″)	正误差 出现的次数	负误差 出现的次数
0~3	45	46
3~6	40	41
6~9	33	33
9~12	23	21
12~15	17	16
15~18	13	13
18~21	6	5
21~24	4	2
>24	0	0
合计	181	177

①偶然误差有界，即一定观测条件、有限次观测偶然误差绝对值不超过一定限值；

②小误差出现频率大，大误差出现频率小；

③绝对值相等的正、负误差出现频率大致相等；

④观测次数 $n \to \infty$，偶然误差平均值 $\to 0$，即

$$\lim_{n \to \infty} \frac{[\Delta]}{n} = 0 \tag{1-12}$$

式中　Δ——各个真误差；

　　　n—— 观测次数；

　　　$[\quad]$——表示总和。

实践证明，偶然误差不能用计算改正或用一定的观测方法简单消除，可通过适当增加观测次数取平均值，改进观测方法，合理处理观测数据等减小偶然误差的影响。

1.1.8.2　评定观测值精度的标准

（1）标准差与中误差

设在一定观测条件下，对某个真值为 L 的观测量进行了 n 次等精度观测，观测值分别为 l_1，l_2，$\cdots$，l_n，各观测值与真值 L 之差称为真误差 Δ_1，Δ_2，$\cdots$，Δ_n（$\Delta_i = l_i - L$），则该组观测值的标准差为：

$$\sigma^2 = \pm \lim_{n \to \infty} \sqrt{\frac{[\Delta\Delta]}{n}} \tag{1-13}$$

在测量生产实践中，观测次数 n 总是有限的，因此，根据式（1-13）只能求出标准差的估计值，又称中误差，用 m 表示，即

$$m = \pm \sqrt{\frac{[\Delta\Delta]}{n}} \tag{1-14}$$

式（1-14）说明，中误差代表一组同精度观测误差的几何平均值，中误差越小表示该组观测值中绝对值小的误差越多。

（2）相对误差

相对误差是专为距离测量定义的精度指标，因为单纯用距离丈量的中误差不能反映距

离丈量的精度情况。例如，用钢尺丈量 50m 的一段距离，中误差为 ±5cm，用另一钢尺丈量 100m 的一段距离，其误差也为 ±5cm，不能认为这两段的精度相等。为此用观测值的中误差与观测值的平均值（代替真值）之比，并将其分子化为 1，分母为整数的形式表示，称为相对误差，即

$$K = \frac{|m_D|}{\bar{D}} = \frac{1}{N} \tag{1-15}$$

本例前者为 $\frac{5cm}{50m} = \frac{1}{1\ 000}$，后者为 $\frac{5cm}{100m} = \frac{1}{2\ 000}$，可见后者观测精度较前者高。

（3）极限误差

根据误差理论及实践证明，真误差的绝对值大于 1 倍中误差的约占 1/3，真误差的绝对值大于 2 倍中误差的约占 5%，真误差的绝对值大于 3 倍中误差的约占 0.3%。后两者属小概率事件，在小样本中是不会发生的，即当观测次数有限时，绝对值大于 2 倍或 3 倍中误差的真误差是不可能出现的。因此，测量规范常以 2 倍或 3 倍中误差作为真误差的允许值，称为极限误差，或允许误差，简称限差。当观测值大于限差时，则认为含有系统误差，应剔除它。

拓展知识

1. 测量学分类。

2. 1954 年北京坐标系、1980 西安坐标系、1956 年黄海高程系、1985 国家高程基准。

3. WGS-84 世界大地坐标系、2000 国家大地坐标系。

4. 地图投影种类。

巩固训练项目

1. 比例尺公式应用及图示比例尺应用。

2. 书写数字 0~9（外业观测记录格式）。

3. 利用电子地图查询信息。

思考与练习

1. 名词解释

测量学　普通测量学　大地测量学　测定　测设　水准面　大地水准面　绝对高程　相对高程　高差　比例尺　比例尺精度　中误差　相对误差

2. 普通测量学的具体工作有哪些？

3. 地球上海拔最高点位于 ＿＿＿＿＿＿＿ ，为 ＿＿＿＿＿＿＿m；最低点位于 ＿＿＿＿＿＿＿ ，为 ＿＿＿＿＿＿＿m。

4. 测量工作的基准线是 ＿＿＿＿＿＿＿ ，测量工作的基准面是 ＿＿＿＿＿＿＿ ，测量计算的基准面是 ＿＿＿＿＿＿＿ 。

5. 普通测量学可以将地球视为 ＿＿＿＿＿＿＿ ，平均半径 ＿＿＿＿＿＿＿ 。

6. 绘制数学平面直角坐标系和测量平面直角坐标系并比较。

7. 高斯投影后，_____ 和 _____ 无变形，其余经纬线长度变 _____，面积变 _____。

8. 6°带：是由 _____ 起，自 _____ 向 _____ 每隔经差 _____ 为 1 带，我国位于 _____ 区间。

3°带：是由 _____ 起，自 _____ 向 _____ 每隔经差 _____ 为 1 带，我国位于 _____ 区间。

山西林业职业技术学院位于东经 112°32′，试计算其所在 3°带、6°带带号及中央经线经度。

9. 我国常用的地理坐标系有(_____ 和 _____)；高程系有(_____ 和 _____)。我国自 2008 年 7 月 1 日起，启用 _____ 坐标系。

10. 举例写出常见的地物、地貌特征点。

11. 测量的基本问题是什么？基本工作有哪些？

12. 根据比例尺公式，计算填写下表。

1/M	1/500	1/2 000	1/1 000	1/200		
d(cm)	5.2	10.4			2	5
D(m)			15.57	13.43	40	200

13. 用卡规在地图上卡取两点，利用直线比例尺读取水平距离。

14. 书写数字 0~9(外业观测记录格式)。

15. 计算三棱尺六个面的分划值。

16. 产生测量误差的原因有哪些？测量误差按性质如何分类，各有何特性？

17. 评定误差精度的标准有哪些？距离丈量、视距测量用什么衡量？角度观测、水准测量、电磁波测距用什么衡量？为什么？

相关链接

1.《测绘学名词》(第 3 版)科学出版社出版，2010.

2. (GB/T 14911—2008)《测绘基本术语》.

3. (GB/T 16820—2009)《地图学术语》.

4. (GB/T 17694—2009)《地理信息术语》.

5. (GB/T 50228—2011)《工程测量基本术语标准》.

6. (CH 1016—2008)《测绘作业人员安全规范》.

任务1.2　识读地形图

任务目标

识读地形图是用图的基础，通过本任务的学习要求学生区分平面图、地形图、地图、影像地图、电子地图等；理解正射投影；掌握利用电子地图查阅医院、学校、公园、公交线路等相关信息。了解地形图按比例尺大小的分类及不同用途，了解国家基本比例尺地形图系列；理解地形图的分幅编号方法及图号的含义；熟悉地形图的图廓外注记内容，熟悉地物、地貌符号，理解等高线的性质，能基本阅读地形图。

任务描述

通过展示平面图、地形图、地图、影像地图、电子地图，对比区分几种图；上网演示利用电子地图查阅信息，布置任务让学生练习；利用1∶1万比例尺地形图学习梯形分幅编号方法，利用1∶500山西林业职业技术学院前院平面图学习矩形分幅编号方法；利用1∶1万比例尺地形图图例和CASS绘图软件的地物绘制菜单熟悉地物、地貌符号。

 知识准备

1.2.1　几种常见的图

测量成果之一是以图的形式表示。根据成果要求、测区面积大小、内容表示的特点和制图方法的不同，又可分为平面图、地图、地形图、影像地图、电子地图、数字地图等。

1.2.1.1　平面图

半径不超出10km的小地区，可以不考虑地球曲率的影响，将地球表面当成平面。如图1-14(a)所示，地面上A、B、C、D各点位于不同的水平面上，分别过各点向水平面P做铅垂线AA′、BB′、CC′、DD′，它们均与水平面P正交且相互平行。投影后水平面上A′、B′、C′、D′各点连成的图形为正射投影图，其投影过程为正射投影。正射投影图按一定比例缩小，便得到如图1-14(b)所示图形abcd，称为平面图，其特点是平面图形与实际地物的位置成相似关系。平面图一般只表示地物，不表示地貌，其比例尺不应小于1∶5 000，反映地物较详细。

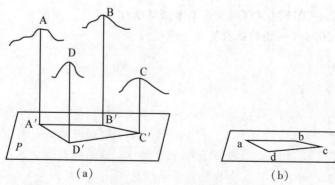

（a）　　　　　　　　　　　　　　（b）

图1-14　正射投影原理

1.2.1.2　地图

按一定的数学法则，运用符号系统，以图形或数字的形式表示具有空间分布特性的自然与社会现象的载体，称为地图。按表示内容，分为普通地图、专题地图；按比例尺，分为大、中、小比例尺地图；按表示方法、制作材料、使用情况分，有挂图、立体地图、桌图、影像地图、地球仪等。随着计算机技术和数字化技术的发展，还包括数字地图、电子地图等。

1.2.1.3　地形图

按一定的比例尺，表示地表上地物、地貌平面位置及基本的地理要素且高程用等高线表示的普通地图称为地形图。地形图一般比例尺大于 1:100 万。地形图是经过实地测绘或航测、遥感图像并配合有关调查资料编制而成，它是编制其他地图的基础。

通常所说的地形图是指纸质地形图，它是地面上地物和地貌在平面图纸上的缩影，是用各种符号表示地物和地貌的。纸质地形图是用各种符号反映地形信息，比较直观。

1.2.1.4　影像地图

航测相片是由投影线交于一点的中心投影所获取的初始影像。把初始的相片经过倾斜纠正和投影差纠正，再把经过纠正的相片拼接起来，并绘上图廓线和千米网格制成的图制成相片平面图。在相片平面图上加绘等高线、注记和某些地物、地貌符号而得到的新的地形图称为影像地图。其特点是：既有航摄相片的内容，又有地形图的特点，信息丰富，成图速度快，现势性强，直观，因此得到日益广泛的应用。

1.2.1.5　电子地图

电子地图技术是集地理信息系统技术、数字制图技术、多媒体技术和虚拟现实技术等多项现代技术为一体的综合技术。电子地图是一种以可视化的数字地图为背景，用文本、照片、图表、声音、动画、视频等多媒体为表现手段展示城市、企业、旅游景点等区域综合面貌的现代信息产品，它可以存储于计算机外部，以只读光盘、网络等形式传播，以桌面计算机或触摸屏计算机等形式提供大众使用。由于电子地图产品结合了数字制图技术的可视化功能、GIS 技术的数据查询与分析功能以及多媒体技术和虚拟现实技术的信息表现手段，加上现代电子传播技术的作用，它一出现就赢得了社会的广泛兴趣，尤其是政府部门、企业管理部门以及大众，故有"大众 GIS"之称。

1.2.1.6　数字地图

数字地形图是用数字形式存储全部地形信息的地形图，是用数字形式描述地形要素的属性、定位和关系信息的数据集合，是存储在适合计算机存取的硬盘、软盘、光盘或磁带等介质上的地形信息的关联数据文件，无固定比例尺。数字地图的核心是地图数据库。地图内容是通过数字表示的，需要通过专用的计算机软件对这些数字进行显示、读取、检索、分析，可用于输出绘制各种比例尺的地形图和专题地图、快速获取地形信息、建立DTM、用于道路及管线设计等。

随着测绘技术的快速发展，地形图的概念有所拓展，按地形图的信息载体、表达方式、数学精度、成果成图的表现形式和对地形图的应用等特征分为数字地形图和纸质地形图。表 1-6 为《工程测量规范》（GB 50026—2007）数字地形图和纸质地形图的分类特征。

表 1-6　地形图的分类特征

特征	分类	
	数字地形图	纸质地形图
信息载体	适合计算机存取的介质等	纸质
表达方式	计算机可识别的代码系统和属性特征	线划、颜色、符号、注记等
数学精度	测量精度	测量及图解精度
测绘产品	各类文件：如原始文件、成果文件、图形信息数据文件等	纸质、必要时附细部点成果表
工程应用	借助计算机及其外部设备	几何作图

1.2.2　地形图的分类、用途及系列

地形图在农林业生产中，如农林业区划、资源与环境的调查与监测、城镇规划、公园和旅游景区的规划设计等都是以地形图作为重要的基础资料，因此，正确认识和使用地形图是各专业技术人员必备的基础知识和基本技能。

1.2.2.1　地形图的分类

地形图的分类标准较多，按比例尺的大小可分为 3 类：

（1）大比例尺地形图

1:500、1:1 000、1:2 000、1:5 000 比例尺地形图称为大比例尺地形图，是用实测方法成图，较详尽、精确地反映了地表上的地理和社会经济要素，是城市城镇规划、工程建设的主要图件。在园林规划设计及施工中，常用的是 1:500、1:1 000、1:2 000 比例尺地形图。

我国当前使用的、最新的大比例尺地图图式是由国家质量监督检验检疫总局和国家标准化管理委员会于 2007 年 8 月 30 日发布，并于 2007 年 12 月 1 日实施的《国家基本比例尺地图图式第一部分：1:500、1:1 000、1:2 000 地形图图式》(GB/T 20257.1—2007)。

（2）中比例尺地形图

1:1 万、1:2.5 万、1:5 万、1:10 万比例尺地形图称为中比例尺地形图，是用航测及编绘方法成图，能正确表示出居民地位置，显示出各类地貌的基本形态特征，反映不同植被的种类和分布范围，是规划设计、资源调查的基础图件。

（3）小比例尺地形图

1:25 万、1:50 万、1:100 万比例尺地形图称为小比例尺地形图，是用编绘方法成图，综合反映了制图范围内的自然地理和社会经济概括，是国家经济建设总体规划、宏观评价、研究地理信息、国土资源开发利用等方面的重要依据。

1.2.2.2　我国基本比例尺地形图系列

我国基本比例尺地形图是根据国家颁布的测量规范、图式和比例尺系统测绘或编绘的全要素地图，也可简称"国家基本地形图""基础地形图""普通地图"等。

世界各国采用的基本比例尺系统不尽相同，目前我国采用的基本比例尺系统为：1:5 000、1:1 万、1:2.5 万、1:5 万、1:10 万、1:25 万、1:50 万、1:100 万 8 种。不同比例尺的图幅所表示的经纬度范围见表 1-7。

表 1-7　不同比例尺的图幅所表示的经纬度范围

图幅比例尺	1:100 万	1:50 万	1:25 万	1:10 万	1:5 万	1:2.5 万	1:1 万	1:5 000
经度范围	6°	3°	1°30′	30′	15′	7′30″	3′45″	1′52.5″
纬度范围	4°	2°	1°	20′	10′	5′	2′30″	1′15″

国家基本比例尺地形图分别采用两种地图投影。大于或等于 1:50 万比例尺的地形图采用的是高斯—克吕格投影，1:100 万比例尺地形图采用双标准纬线等角圆锥投影。

1.2.3　1:5 000～1:100 万中、小比例尺地形图的梯形分幅与编号

地形图的分幅方法有两类：一类是按一定经纬差划分的经纬线分幅，因各经线向南北极收敛而使整个图幅呈梯形，又称为梯形分幅，一般用于 1:5 000～1:100 万中、小比例尺地形图的分幅；另一类是按坐标格网分幅的矩形分幅法，一般用于城市和工程建设的 1:500～1:2 000 大比例尺地形图的分幅。

地形图的梯形分幅又称国际分幅，由国际统一规定的经线为图的东、西内图廓线，纬线为图的南、北内图廓线。梯形图幅划分的方法和编号随比例尺的不同而不同。

1.2.3.1　1:100 万比例尺地形图的分幅与编号

全球 1:100 万比例尺地形图实行统一的分幅与编号。其方法是由 180°经线起，自西向东经差每隔 6°为一纵列，依次用 1，2，3，…，60 编号。由赤道起，分别向南、北纬差每隔 4°划分一行，依次以 A，B，C，…，V 编号。如图 1-15 所示，为东半球北纬 1:100 万比例尺地形图的国际分幅与编号。在赤道至北纬 60°，每幅图都是由纬差 4°的两纬线和经差 6°的两子午线所围成的梯形面积，其编号是先写出由纬度算出的横行代号，中间隔一横线，后写出由经度算出的纵列代号。如山西林业职业技术学院位于北纬 37°54′，东经 112°32′，则该点所在 1:100 万比例尺地形图图幅编号为 J-49 或 10-49。

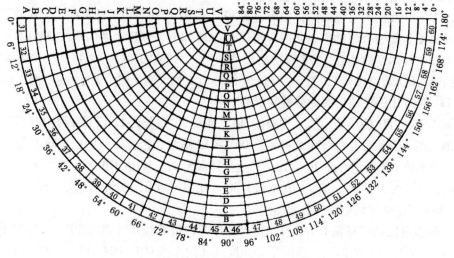

图 1-15　东半球北纬 1:100 万地图的国际分幅与编号

1.2.3.2 1:5 000~1:50 万比例尺地形图的分幅与编号

（1）1:50 万比例尺地形图的分幅与编号

每幅 1:100 万的地形图，按经差 3°、纬差 2° 划分为 2 行 2 列共 4 幅 1:50 万比例尺地形图。新编号是纬度由北向南按 001、002 编号，经度由西向东按 001、002 编号。以山西林业职业技术学院为例，该校所在 1:50 万比例尺地形图的编号为"J49B002002"（图 1-16），其中第 1 位"J"为由纬度算出的所在 1:100 万比例尺地形图序号，第 2~3 位"49"为由经度算出的所在 1:100 万比例尺地形图序号，第 4 位"B"表示该图幅比例尺为 1:50 万，第 5~7 位"002"表示由纬度算出的序号 002，第 8~10 位"002"表示由经度算出的序号 002，编号说明如图 1-17 所示。

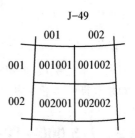

图 1-16　山西林业职业技术学院所在 1:50 万地图的分幅与新编号

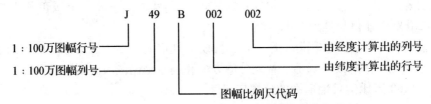

图 1-17　1:5 000~1:50 万地形图新图号构成

不同比例尺地形图代码见表 1-8，这样划分便于计算机管理。

表 1-8　新编号不同比例尺的图幅代码

比例尺	1:50 万	1:25 万	1:10 万	1:5 万	1:2.5 万	1:1 万	1:5 000
代码	B	C	D	E	F	G	H

（2）1:25 万比例尺地形图的分幅与编号

每幅 1:100 万比例尺地形图，按经差 1°30′、纬差 1° 划分为 4 行 4 列共 416 幅 1:25 万比例尺地形图。新编号是纬度由北向南按 001~004 编号，经度由西向东按 001~004 编号，山西林业职业技术学院所在 1:25 万比例尺地形图编号为"J49C003004"，其中第 4 位"C"表示该图幅比例尺为 1:25 万，第 6~10 位与 1:50 万比例尺地形图的编号方法一致。

（3）1:10 万比例尺地形图的分幅与编号

每幅 1:100 万比例尺地形图，按经差 30′、纬差 20′ 划分为 12 行 12 列共 144 幅 1:10 万比例尺地形图。新编号是纬度由北向南按 001~012 编号，经度由西向东按 001~012 编号，山西林业职业技术学院所在 1:10 万比例尺地形图编号为"J49D007010"，其中第 4 位"D"表示该图幅比例尺为 1:10 万，第 6~10 位与 1:50 万比例尺地形图的编号方法一致。

（4）1:5 万比例尺地形图的分幅与编号

新的分幅方法是将每幅 1:100 万比例尺地形图，按经差 15′、纬差 10′ 划分为 24 行 24 列共 576 幅 1:5 万比例尺地形图。新编号是纬度从北向南按 001~024 编号，经度从西向东按 001~024 编号，山西林业职业技术学院所在 1:5 万地形图的编号为"J49E013019"，其中第 4 位"E"表示该图幅比例尺为 1:5 万，第 6~10 位与 1:50 万比例尺地形图的编号方法一致。

（5）1:2.5 万地形图的分幅与编号

新的分幅方法是将每幅1:100 万的图，按经差7′30″、纬差5′划分为48 行48 列共2 304 幅1:2.5 万的地形图，其编号是纬度由北向南按001～048 编号，经度由西向东按001～048 编号，山西林业职业技术学院所在1:2.5 万比例尺地形图编号为"J49F026037"，其中第4 位"F"表示该图幅比例尺为1:2.5 万，第6～10 位与1:50 万比例尺地形图的编号方法一致。

（6）1:1 万比例尺地形图的分幅与编号

新的分幅方法是将每幅1:100 万比例尺地形图，按经差3′45″、纬差2′30″划分为96 行96 列共9 216 幅1:1 万比例尺地形图，其编号是纬度由北向南按001～096 编号，经度由西向东按001～096 编号，山西林业职业技术学院所在1:1 万比例尺地形图编号为"J49G051073"，其中第4 位"G"表示该图幅比例尺为1:1 万，第6～10 位与1:50 万比例尺地形图的编号方法一致。

（7）1:5 000 比例尺地形图的分幅与编号

新的分幅方法是将每幅1:100 万的图，按经差1′52.5″、纬差1′15″划分为192 行192 列共36 864 幅1:5 000 比例尺地形图，其编号是纬度由北向南按001～192 编号，经度由西向东按001～192 编号，山西林业职业技术学院所在1:5 000 比例尺地形图编号为"J49H101146"，其中第4 位"H"表示该图幅比例尺为1:5 000，第6～10 位与1:50 万比例尺地形图的编号方法一致。

1.2.4　1:500～1:2 000 大比例尺地形图的矩形分幅与编号

《1:500　1:1 000　1:2 000 地形图图式》规定，1:500～1:2 000 比例尺地形图一般采用50cm×50cm 正方形分幅或50cm×40cm 矩形分幅，它是以直角坐标的整千米数或整百米数的坐标格网来划分图幅。根据需要，也可采用其他规格的分幅。

大比例尺地形图编号一般采用图廓西南角坐标千米数编号法，x 坐标在前，y 坐标在后。1:500 地形图取至0.01km（如5.15～42.23）；1:1 000 、1:2 000 地形图取至0.1km（如5.2～42.2）。如用 CASS 等绘图软件整饰时，套用模板可自动生成图号。

当测区面积较小时，可以采用由左至右，从上到下按数字顺序统一编号，如图 1-18（a）的"林院－3"，其中"林院"为测区名称。

当采用行列编号法时，一般以 A，B，C，…为横行由上到下排列，以 1，2，3，…为纵列从左到右排列，先行后列，如图 1-18（b）。

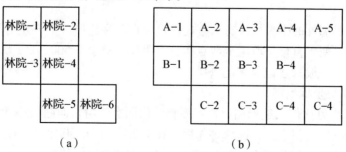

（a）　　　　　　　　　　　　　（b）

图 1-18　大比例尺地形图的分幅和编号

1.2.5 地形图的图廓外注记

地形图的图廓外注记的内容包括：图名、图号、接图表、比例尺、坐标系、使用图式、等高距、测图日期、测绘单位、图廓线、坐标格网、三北方向线和坡度尺等，它们分布在东、南、西、北四面图廓线外（图1-19）。

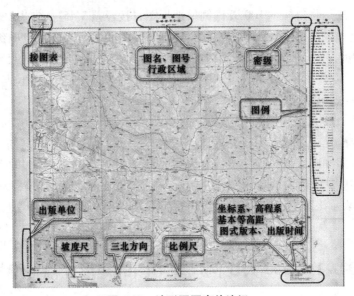

图 1-19　地形图图廓外注记

1.2.5.1　图名、图号、接图表、行政区域、密级和图例

为了区别各幅地形图所属位置和拼接关系，每幅地形图都编有图名和图号。图名，是以本幅图内的最著名的地名、最大的村庄或突出的地物、地貌的名称来命名。图号，一般根据统一分幅规则编号。图名和图号一般注于北图廓上方的。接图表位于北图廓外左上方，有9个小方格组成，中间有斜线的代表本图幅，用以说明本图幅与其相邻图幅的拼接关系。

行政区域用以说明本图幅范围内的行政归属，注在北图廓外图号的下面。密级位于北图廓外右上方，其作用是按保密等级保管和使用地形图。图例位于东图廓外，是对图内所用符号和表示方法的释义和说明。

1.2.5.2　比例尺

在每幅图南图廓外的中央均注有数字比例尺，在数字比例尺下方绘有图示比例尺，图示比例尺的作用是便于直接量取图上两点间直线距离。对于1:500、1:1 000和1:2 000等大比例尺地形图，一般只注记数字比例尺。

1.2.5.3　经纬网与坐标格网

图1-19为1:1 万比例尺地形图，梯形图幅的内图廓线由东西两条经度线和南北两条纬度线所构成；外图廓为粗实线，起修饰作用。在1:1 万~1:10 万比例尺地形图的内外图廓间，绘有表示经差和纬差分别为1′的分度带，但不在图内绘经纬线。1:25 万和1:50万地形图除在内外图廓间绘经纬线外，还在图幅内加绘了经纬网。

为了便于迅速而准确测算距离、方位等，在 1∶5 000～1∶10 万地形图上绘有平面直角坐标网，如图 1-19 中的方格网。它是由平行于纵轴 x 和横轴 y 的等间隔的直线构成，其间隔通常为 1km，所以也称公里网，坐标值注记在内、外图廓之间的相应延长线上。图中的西侧第一条纵坐标线 y 为 38 384km，其中的 38 为高斯投影统一 3°带带号，其横坐标值为 384km－500km＝－116km，表示该线位于第 38 投影带中央经线以西 116km。图中南侧第一条坐标横线 x 值 4 196km，表示该线位于赤道以北 4 196km。

由经纬线可以确定各点的地理坐标和任一直线的真方位角，由公里网可以确定各点的高斯平面直角坐标和任一直线的坐标方位角。

1.2.5.4　三北方向线

三北方向线是指真子午线方向、磁子午线方向、高斯平面直角坐标系的坐标纵线 + x 方向，并使真子午线垂直于南图廓(图 1-20)。偏角值的大小用数字注记在相应的偏角内，利用该关系图进行对图上任一方向的真方位角、磁方位角、坐标方位角进行换算，或在地形图定向时用。

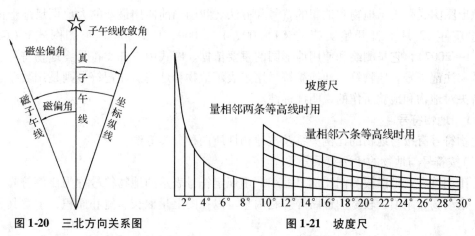

图 1-20　三北方向关系图　　　　　图 1-21　坡度尺

1.2.5.5　坡度尺

坡度尺是在地形图上量测地面坡度和倾角的图解工具。如图 1-21 所示，它是按式(1-16)制成的：

$$i = \tan\alpha = \frac{h}{dM} \tag{1-16}$$

式中　i——地面坡度；

　　　α——地面倾角；

　　　h——等高距；

　　　d——相邻等高线平距；

　　　M——比例尺分母。

用分规量出图上相邻等高线的平距后，在坡度尺上使用分规的两针尖比对竖线，使其相等，便可读取地面倾角。

1.2.5.6　平面坐标系统和高程系统

对于 1∶1 万或更小比例尺地形图，通常采用国家统一的高斯平面直角坐标系，如"1980 西安坐标系"。城市地形图一般采用以通过城市中心的某一子午线为中央子午线的任意带高斯平面直角坐标系，称为城市独立坐标系。当工程建设范围较小时，也可采用将测区作为平面的假定平面直角坐标系。

高程系统一般采用"1985 国家高程基准"，也可采用地方高程系统。各高程系统之间只需加减一个常数即可进行换算。

地形图的平面坐标系统和高程系统一般注在南图廓外右下角，如图 1-19 所示。

1.2.5.7　其他说明资料

基本等高距用以说明图上相邻两条基本等高线的高差，以便了解地形图上显示地貌的详略程度和判读等高线高程。图式版本用以说明测制本地形图是依据哪个机关制定的哪种版本的图式。成图方法和测图时间，可根据测图时间及测区的开发情况判断地形图的精确性和现势性。出版机关用于说明地形图的测制出版单位。

1.2.6　地物地貌符号

地形图图式是表示地物和地貌的符号和方法。我国当前使用最新的大比例尺地形图图式是 2007 年 12 月 1 日开始实施的《1：500、1：1 000、1：2 000 地形图图式》（GB/T 20257.1—2007），它是测绘和使用地形图的重要依据。图式中有三类符号：地物符号、地貌符号和注记符号。地物符号和地貌符号用来表示地物和地貌。注记符号则是用数字、文字和箭头对地物和地貌所作的说明性标注。

1.2.6.1　地物符号

地物符号有按与地物的比例关系及按地物性质两种分类方法。

（1）按符号与地物的比例关系分类

①比例符号　可以按测图比例尺缩小，用规定符号表示的地物符号称为比例符号，如房屋、运动场、湖泊、较宽的道路等。利用它可以在图上量取长、宽和面积，了解其分布和形状。

②非比例符号　有些地物，如导线点、三角点、水准点、独立树、纪念碑、路灯等，无法将其形状和大小的轮廓按比例尺缩绘到图纸上，只能用规定的符号表示其中心位置，这种符号称为非比例符号。这类符号只能表明具体性质和准确位置，不能判定地物的大小。

③半比例符号　对于一些带状地物，如小路、通讯线及管道等，其长度可按比例尺缩绘，而宽度不能按比例表示。只能用规定的符号表示地物的位置和长度，这类符号称为半比例符号。这类符号只能在图上量取其相应的实地长度，而不能量取其宽度和面积。

（2）按地物性质分类

按地物性质不同，地物符号可分为以下几种：

①测量控制点　如三角点、水准点、图根点、GPS 点等。

②居民地　如房屋、窑洞、蒙古包等。

③独立地物　如纪念碑、水塔等。

④管线与垣栅　如电力线、通讯线、篱笆、铁丝网等。

⑤境界线　如国界、省界、市界、县界、林场界等。

⑥水系　如河流、湖泊、水库、沟渠等。

⑦道路　如铁路、公路、小路、阶梯路等。

⑧土质　如石块地、沙地、盐碱地等。

⑨植被　如森林、耕地、草地、果园、菜地等。

地形图图式中不同地物性质的符号用不同颜色表示（表1-9）。

表1-9　常用地物、注记和地貌符号

编号	符号名称	符号式样		
		1:500	1:1 000	1:2 000
1	三角点 张湾岭——点名 156.718——高程		△ 张湾岭 / 156.718 　3.0	
2	埋石图根点 12——点号 275.46——高程		2.0 ⋮⋮ ⊡ — 12 / 275.46	
3	水准点 Ⅱ京石5——等级、点名点号 32.805——高程		2.0 ⋮⋮ ⊗ Ⅱ京石5 / 32.805	
4	卫星定位等级点 B14——等级、点号 495.263——高程		⬚ B14 / 495.263 　3.0	
5	河流及流向			
6	单幢房屋 混——房屋结构 2——房屋层数	混2		10
7	依比例围墙		10.0　　0.5	
8	活树篱笆		6.0　0.6　1.0	
9	喷水池			
10	地面下的管道		污 / 4.0　1.0	
11	污水、雨水算子		2.0 / ⊖⋮2.0　⊞⋮1.0	
12	高速公路 a. 临时停车点 b. 隔离带		0.4 / Ⅱ Ⅱ ◎ Ⅱ Ⅱ b / a 0.4	

（续）

编号	符号名称	符号式样		
		1:500	1:1 000	1:2 000
13	国道 ①——技术等级代码 （G301）——国道代码及编号	②(G301) 0.3		
14	小路	4.0 1.0 0.3		
15	街道 a. 主干道 b. 次干道 c. 支路	a 0.35 b 0.25 c 0.5		
16	内部道路	1.0 C 1.0		
17	等高线及其注记 a. 首曲线 b. 计曲线 c. 间曲线 25——高程	a 0.15 b 25 0.3 c 0.15 1.0 6.0		
18	人工绿地	‖ 1.6 ‖ 5.0 0.6 ‖ ‖ 10.0		
19	独立树 a. 阔叶 b. 针叶 c. 棕榈、椰子、槟榔 d. 果树	a ♀3.0 b ♠3.0 c ⊁3.0 d ♀3.0		
20	名称说明注记	西宝高速公路 正等线体(4.0) 西铜公路 正等线体(3.0) 太白路 细等线体(2.5)		

1.2.6.2　地貌符号

地貌形态按起伏变化分为平原、丘陵地、山地、高原、盆地。地形图上表示地貌的方法主要是等高线，因为等高线不仅能表示地面的起伏形态，还能科学地表示出地面的坡度和地面点的高程与山脉走向等。一些特殊地貌则用等高线配合特殊符号来表示，如冲沟、梯田、峭壁等。

（1）等高线

等高线是地面上高程相等的相邻各点连成的闭合曲线。假设用一个水平面截取高低起伏的地面，则水平面与地面的交线就形成连续不断的闭合曲线，而且曲线上各点的高程均相等。若用不同高程的水平面截取一个山头，则形成相应的多个不同高程而且闭合的等高线，如图 1-22 所示，把这些等高线沿铅垂线投影到同一个水平面，再按测图比例尺进行缩绘，便绘成反映地面起伏形态的等高线图。

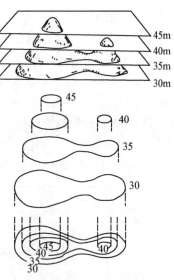

图 1-22　等高线表示地貌的原理

（2）等高距和等高线平距

等高距是指相邻两等高线之间的高差，用 h 表示。如图 1-22，等高距为 5m。同一幅地形图的等高距是相等的，因此地形图的等高距也称基本等高距。由等高线原理可知，等高距越小，显示地貌越详细，但等高距过小，则陡坡地区的等高线过于密集，影响图面清晰度；等高距越大，显示地貌越简略，但等高距过大，不能详细反映地面起伏。因此，在测绘地形图时，应根据测区坡度大小、测图比例尺和用图目的等因素综合考虑选用等高距的大小。《工程测量规范》（GB 50026—2007）中对等高距的规定见表 1-10 所列。

表 1-10　地形图的基本等高距表　　　　　　　　　　　　　　　　单位：m

地形类别	比例尺			
	1∶500	1∶1 000	1∶2 000	1∶5 000
平坦地	0.5	0.5	1.0	1.0
丘陵	0.5	1.0	1.0	2.0
山地	1	2.0	2.0	2.0
高山地	2	5.0	2.0	2.0

等高线平距是指相邻等高线之间的水平距离，用 d 表示。等高线平距随地面起伏情况而改变。地面坡度越大，等高线平距就越小；反之，地面坡度越小，等高线平距就越大。因此，可以根据图上等高线的疏密程度判断地面坡度的陡缓。

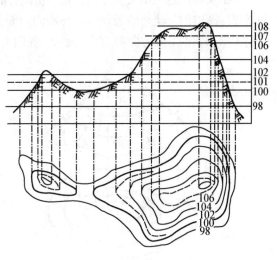

图 1-23　等高线的种类

（3）等高线的种类

等高线常见的是首曲线和计曲线，有些局部地形需要应用间曲线或助曲线表示（图1-23）。

①首曲线　按基本等高距绘制的等高线。用 0.15mm 宽的细实线绘制，其上不注记高程。

②计曲线　从 0m 起每隔 4 条加粗一条

等高线，用 0.3mm 宽的粗实线绘制，其上注记高程。

③间曲线 按 1/2 基本等高距用 0.15mm 宽的长虚线加绘的等高线，一般用于补充表示基本等高距不能表示的地貌特征，可不闭合。

④助曲线 按 1/4 基本等高距用虚线加绘等高线，在用 1/2 基本等高线仍不足以表示局部地貌特征时使用，可不闭合。

（4）典型地貌的等高线

地貌的形态千变万化，但都由几种典型地貌综合而成。典型地貌主要有山头和洼地、山脊和山谷、鞍部、峭壁和悬崖等。图 1-24 为某一地区综合地貌及其等高线地形图。

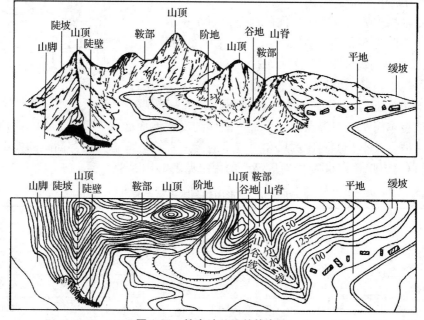

图 1-24　综合地貌及其等高线

①山头和洼地 山头和洼地都是一组闭合曲线。区别在于：山头的等高线由外圈向内圈的高程逐渐增加，洼地的等高线由外圈向内圈的高程逐渐减小。也可用示坡线（绘于等高线上用于指示斜坡下降方向的短线）表示。如图 1-25（a）为山头，图 1-25（b）为洼地。

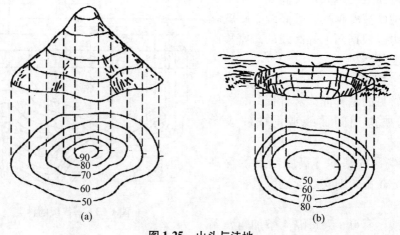

图 1-25　山头与洼地

②山脊和山谷 山坡的坡度与走向发生改变时，转折处的地貌就是山脊和山谷。如图1-26(a)所示，从山顶到山脚的凸起部分称为山脊，山脊的等高线向下坡方向突出，山脊最高的连线称为山脊线或分水线。如图1-26(b)所示，相邻两山坡之间的条形低凹部分称为山谷，山谷的等高线向上坡方向突出，山谷最低的连线称为山谷线或集水线。山脊线和山谷线统称为地性线。

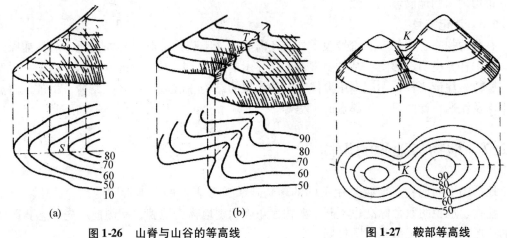

图1-26 山脊与山谷的等高线   图1-27 鞍部等高线

③鞍部 山脊上相邻两个山顶之间呈马鞍状的低凹部位称为鞍部，如图1-27所示。鞍部是两个山头和两个山谷相对交会的地方，其等高线的特点是在一圈大的闭合曲线内，套有两组小圈的闭合曲线，通常是山区道路选线的重要位置。

④变形地 地表因受地壳变动、流水、风化作用或其他影响而形成的一些特殊地貌，如冲沟、峭壁、悬崖、滑坡、石山等。在地形图上，变形地一般不用等高线表示，而是用专门的符号表示。峭壁是坡度在70°以上的陡峭岩壁，如图1-28(a)所示。悬崖是指上凸出下部凹进的绝壁，如图1-28(b)所示。

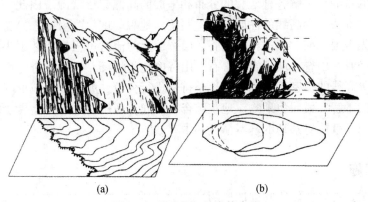

图1-28 峭壁悬与悬崖等高线

(5)等高线的特性

①等高性 同一条等高线上各点其高程必定相等，但高程相等的点不一定在同一条等高线上。

②闭合性 等高线为连续闭合曲线，不能中断(遇到符号或注记除外)，不在图幅内闭

合，必定在图幅外闭合。

③非交性　除悬崖、绝壁外，等高线在图上不能相交或重合。

④正交性　等高线与山脊线、山谷线成正交。与山脊线相交时，等高线由高处凸向低处；与山谷线相交时，等高线由低处凸向高处。

⑤密陡稀缓性　同一幅图内，等高线越密，坡度越陡；等高线越稀，坡度越缓；等高线分布均匀，则地面坡度一致。

1.2.6.3　注记符号

有些地物除了用相应的符号表示外，还需要用文字和数字对地物的性质、名称加以注记，用来补充说明地形图各基本要素尚不能显示的内容，图上注记可分为名称注记、说明注记、数字注记3种，注记多用黑体字。如房屋的结构、层数，地名，路名，植被，河流的水深及流速，计曲线、碎部点的高程等。

1.2.7　地物与地貌的识读

地形图上的地物、地貌是用不同的地物地貌符号表示的。地形图的用途、比例尺不同，地物、地貌的取舍标准也不同，要快速正确识别地物、地貌，阅图前应先熟悉测图所用的地形图图式、规范和测图日期。

1.2.7.1　地物的识读

识读地物的目的是了解地物的位置、大小、种类、分布情况。不论是哪一类的地物符号，都有形状、大小、颜色之别，阅读时要参考图例抓住符号的特征，结合用图熟记符号。通常先识别大的居民点、主要道路、境界线和用图需要的地物，然后再扩大到识别小的居民点、次要道路、植被和其他地物。通过分析，就会对主要地物的位置、大小以及周围地物分布情况形成较全面的了解。

1.2.7.2　地貌的识读

识读地貌的目的是了解各种地貌的分布和地面的高低起伏状况。因此，要熟悉等高线表示基本地貌的方法、等高线的性质以及一些特殊地貌(如悬崖、冲沟等)符号。在地貌复杂的区域，可先根据江河、溪流找出山谷、山脊，无河流时可根据相邻山头找出山脊。再按照两山谷间必有一山脊，两山脊间必有一山谷的地貌特征，识别山脊、山谷地貌的分布情况。再结合等高线的疏密程度和特殊地貌符号进行分析，就可以对地形图上整个地貌状况有比较完整的了解。最后将地物、地貌综合在一起，通过对地形图上表示的各种地理现象进行分析研究，就能对某地的基本情况心中有数。

任务实施

一、熟悉图式符号、熟练阅读地形图

1. 技能目标

①熟悉大比例尺地形图图式符号。

②熟悉中比例尺地形图图廓外内容和地物、地貌符号，能阅读地形图。

2. 准备工作

(1)场地准备

校园及附近小区。

(2)仪器和工具

1:1万比例尺地形图、校园平面图(1:500)。

(3)人员

每组：3~5人(本教材均以此安排，下同)。

3. 方法步骤

(1)熟悉大比例尺地形图图式符号

打开CASS软件，按地物性质分类依次查看各类符号的颜色和线条粗细；对照校园平面图(1:500)到实地熟悉符号。

(2)熟悉中比例尺地形图图廓外内容和地物、地貌符号，综合判断地形

①阅读1:1万比例尺地形图，自制表格，填写地形图的图名、图号、行政区划、密级、比例尺、坐标系统、高程系统、基本等高距、成图方法、图式版本、测制单位、测图时间、四侧内图廓线的经纬度、投影带等。

②阅读1:1万比例尺地形图，熟悉居民地、道路、植被等地物符号；指出图上山谷线、山脊线、山头、鞍部等，根据图上不同区域的等高线疏密情况，分析地貌特点。

4. 递交资料

所用地形图的信息记录表。

二、利用电子地图查询信息

1. 技能目标

练习利用电子地图查询信息。

2. 准备工作

(1)场地准备

理实一体实训室。

(2)仪器和工具

计算机。

3. 方法步骤

上网利用电子地图(平面、三维)查询从山西林业职业技术学院去车站、博物馆、公园、医院单位的直线距离及公交路线，自制表格填写内容。根据兴趣查阅其他城市电子地图。

4. 递交资料

利用电子地图查询信息记录表。

 **拓展知识**

1. 影像地图、电子地图、数字地图及应用。

2. 地势图、地理图。

3. 土壤分布、植被分布、病虫害分布等专题地图。

巩固训练项目

1. 借助 CASS 绘图软件和林业职业技术学院前院平面图熟悉 1 : 500 ~ 1 : 2 000 大比例尺地形图图式符号。

2. 阅读中比例尺地形图，熟悉图廓外内容和地物、地貌符号，综合判断地形情况。

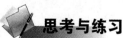

思考与练习

1. 地形图按比例尺大小划分及将来可能从事相关专业的用途：

(1) 大比例尺：_____。

(2) 中比例尺：_____。

(3) 小比例尺：_____。

2. 梯形图幅按_____划分，国家基本比例尺地形图种类及经纬差为：

比例尺							
经差							
纬差							

3. 在地图上推算你家所处的大致经纬度，并利用图 1-15 分析所在 1 : 100 万比例尺地形图编号。

4. 地形图现行国标编号为_____，共分_____部分；第一部分为_____，_____发布，_____实施。

5. (1) 地物符号按性质分为哪几类？(2) 地物符号按能否依比例表示地物分为哪几类？

6. 地貌的形态有哪些？

7. 等高线、等高距、等高线平距的定义及应用。

8. 等高线有哪几类？

相关链接

1. (GB/T 20257.1—2007)《国家基本比例尺地图图式第 1 部分：1 : 500、1 : 1 000、1 : 2 000 地形图图式》.

2. (GB/T 20257.2—2006)《国家基本比例尺地图图式第 2 部分：1 : 5 000、1 : 10 000 地形图图式》.

3. (GB/T 20257.3—2006)《国家基本比例尺地图图式第 3 部分：1 : 25 000、1 : 50 000、1 : 100 000 地形图图式》.

4. (GB/T 20257.4—2007)《国家基本比例尺地图图式第 4 部分：1 : 250 000、1 : 500 000、1 : 1 000 000 地形图图式》.

5. (GB/T 13989—2012)《国家基本比例尺地形图分幅与编号》.

6. (CH/T 1020—2010)《1 : 500、1 : 1 000、1 : 2 000 地形图质量检验技术规程》.

7. (GB/T 16820—2009)《地图学术语》.

项目2 测量的基本工作

不论多复杂的测量工程，最基本测量工作可分为高程测量、角度测量、距离测量。掌握各类测量仪器的基本操作技能和观测、计算方法，是完成地形图测绘、施工放样等综合项目的基础。全站仪数据采集和数字化绘图是进行园林用地地形测量的较实用的方法，必须熟练掌握。距离、角度、高程及坡度线的测设是园林工程施工测量的基础，必须熟练掌握。本项目各部分内容的安排，旨在训练仪器操作的同时，学会测图、测设的单项技能，为综合技能训练的实施打下扎实的基础。

学习目标

☞ **知识目标**　1. 理解水准测量及三角高程测量原理，明确水准仪各轴线及关系。

2. 了解 GPS 测量三维坐标的原理，了解北斗卫星导航系统。

3. 理解水平角、竖直角测量原理，明确电子经纬仪、全站仪的轴线及关系。

4. 理解直线定线的意义。

5. 理解视距测量的原理。

6. 理解不同测距方法评定精度的标准。

7. 理解直线定向的意义，明确三北方向及关系。

8. 熟悉全站仪数据采集的操作程序。

9. 了解 CASS 绘图软件的界面和功能。

☞ **技能目标**　1. 掌握自动安平水准仪、电子水准仪、电子经纬仪、全站仪的检验方法。

2. 掌握图根水准路线的观测及成果整理方法。

3. 学会三角高程测量的计算。

4. 学会使用 GPS-RTK 和手持数据采集器(GIStar)测量高程。

5. 掌握测回法测量水平角和竖直角的方法。

6. 掌握直线定线的方法，掌握平坦地面、倾斜地面距离丈量的方法，学会精度评定。

7. 基本掌握视线水平时视距测量的方法。

8. 学会使用全站仪、手持激光测距仪测量距离。

9. 学会使用手持数据采集器采集点的坐标并查询距离。

10. 学会使用罗盘仪测定磁方位角。

11. 初步掌握仪器参数设置、输入测站点及后视点信息、确定碎部点（地物地貌特征点）并进行现场测量的方法。

12. 初步掌握 CASS 绘图软件的基本操作。

13. 掌握距离、角度、高程、坡度线的测设方法。

任务 2.1　高程测量

任务目标

高程测量是测量的基本工作之一，通过本任务的学习要求学生理解水准测量原理，熟悉水准仪基本构造，熟练操作水准仪；明确水准仪各轴线及关系，掌握自动安平水准仪和电子水准仪的检验方法；理解三角高程测量原理，掌握计算方法；初步掌握 GPS-RTK 和手持数据采集器（GIStar）测量高程的方法。

任务描述

高程测量按使用仪器和方法不同分为水准测量、三角高程测量和 GPS 高程测量，其中水准测量精度高，操作简便，是工程施工中最常用的仪器。本任务将学习水准测量的原理、水准仪构造与操作、水准仪的轴线及关系、水准仪的检验、图根水准测量观测与成果整理。因全站仪已普及，三角高程测量作为知识点只通过案例练习计算方法，理解其原理即可。本任务安排学习使用 GPS-RTK 和手持数据采集器（GIStar）采集坐标数据，学会查看高程值。

知识准备

2.1.1　水准测量

2.1.1.1　水准测量原理

高程测量是测量的基本工作之一，其中水准测量是高程测量中的主要方法。

水准测量是利用水准仪提供的水平视线，通过读取竖立在两点上的水准尺的读数，来测定地面两点之间的高差，然后根据已知点的高程推算出待定点的高程。如图 2-1 所示，地面上有两点 A 和 B，设 A 点的高程 H_A 为已知，若能测定出 A、B 两点间的高差 h_{AB}，则 B 点的高程 H_B 就可由高程 H_A 和高差 h_{AB} 计算出来。

为此，在 A、B 两点上各竖立一根水准尺，并在其间安置一台水准仪，利用水准仪提供的水平视线，分别在 A、B 两点的水准尺上读取读数 a、b。那么，A、B 两点的高差 h_{AB} 为：

$$h_{AB} = a - b \tag{2-1}$$

如果测定高差的工作是从已知高程点 A 向待测点 B 方向进行，则称 A 点为后视点，读数 a 为后视读数；B 点则称为前视点，读数 b 为前视读数。高差等于后视读数减去前视读数。

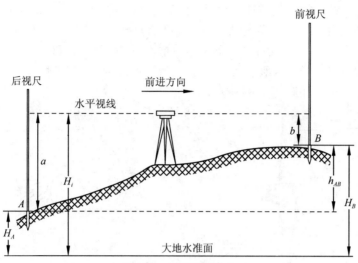

图 2-1　水准测量原理

当读数 $a > b$ 时，高差为正值，说明 B 点高于 A 点；反之，当读数 $a < b$ 时，则高差为负值，说明 B 点低于 A 点。

测得高差 h_{AB} 后，待测点 B 的高程 H_B 为：

$$H_B = H_A + h_{AB} = H_A + (a - b) \tag{2-2}$$

式(2-2)是直接利用高差计算高程的方法，称为高差法。

由式(2-2)可得：

$$H_B = (H_A + a) - b = H_i - b \tag{2-3}$$

式中　H_i——水准仪的水平视线高程。

此方法是利用视线高程来计算待测点高程的，称为视线高法。当安置一次仪器需要测出多个待测点的高程时，应用视线高法比较简便。

由上述可知，水准测量的目的是推算高程，实质是测量高差，关键是视线水平。

2.1.1.2　水准测量的仪器与工具

水准测量的仪器是水准仪，工具有水准尺和尺垫。水准仪按其精度分为 DS_{05}、DS_1、DS_3 和 DS_{10} 四个等级，其中"D""S"分别为"大地测量"和"水准仪"的汉语拼音的第一个字母；下标数字表示该类仪器能达到的精度指标，即每千米往、返测得高差平均值的中误差，以毫米计。工程水准测量一般常用 DS_3 型水准仪。

水准仪按发展历史分为微倾式水准仪、自动安平水准仪、电子数字水准仪。目前，自动安平水准仪因其具有操作简单、速度快、精度高、效率高等优点，已普遍使用于工程施工测量中。电子数字水准仪更是能设置观测测量程序，储存并传输数据，大大减轻了野外测量的工作量。

2.1.1.3　水准点与水准路线

(1)水准点

为统一全国的高程系统和满足各种测量的需要，国家各级测绘部门在全国各地埋设并测定了很多高程点，这些点称为水准点，以 BM(bench mark)表示，各等级介绍见任务 3.1。这些水准点通常作为引测其他点的高程的依据，按等级及保存时间长短，水准点可分为临时性和永久性两种。临时性水准点，可在木桩顶面标记，如图 2-2(a)所示；岩石、桥墩等固定地物上凿个"＋"作为标志，如图 2-2(b)所示。永久性水准点一般采用石桩或混凝土桩，在桩顶刻一"＋"或将半球形金属镶嵌在标石顶面内以标志点位，如图 2-2(c)所示。水准点都应有编号、等级、所在地、点位略图及委托保管等情况，这种记载点位情况的资料称为点之记，如图 2-2(d)所示。

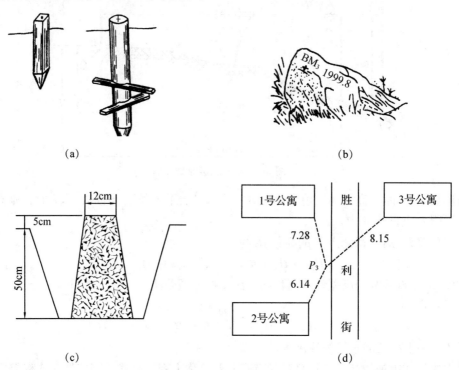

(a)　　　　　　　　　　　　　　　　　(b)

(c)　　　　　　　　　　　　　　　　　(d)

图 2-2　水准点及点之记

（2）水准路线

水准测量时设站观测经过的路线称为水准路线。根据已有水准点位置、测量需要及测区条件，水准路线可布设成单一线状、网状及环状等。单一线状一般有三种形式（图 2-3）。

①闭合水准路线　如图 2-3(a)，从一个水准点 BM_A 出发，沿环行路线测定 1、2、3 等待测高程点的水准测量，最后仍回到起始水准点 BM_A，这种水准路线称为闭合水准路线。当测区附近只有一个水准点时采用此形式。

②附合水准路线　如图 2-3(b)，从一个水准点 BM_A 出发，沿 1、2、3 等待定高程的点进行水准测量，最后连测到另一个已知高程的水准点 BM_B，这种水准路线称为附合水准路线。一般线路施工时采用此形式。

③支水准路线　如图 2-3(c)，从一个水准点 BM_A 出发，沿 1、2、3 等待定高程点进行的水准测量，既不闭合到原水准点，也不附合到另一个水准点，这种水准路线称为支水准路线。当要求精度不高或补充测量时采用此形式。

2.1.1.4　水准路线高差闭合差的计算及限差与分配公式

①闭合水准路线高差闭合差，计算公式为：

$$f_h = \sum h \tag{2-4}$$

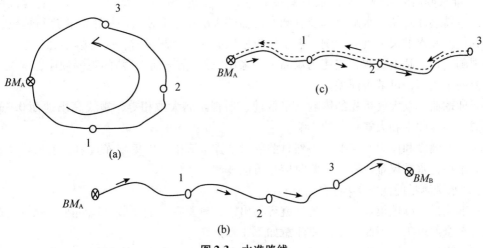

图 2-3　水准路线

②附合水准路线高差闭合差，计算公式为：

$$f_h = \sum h - (H_{终} - H_{始}) \tag{2-5}$$

③支水准路线高差闭合差，计算公式为：

$$f_h = \sum h_{往} + \sum h_{返} \tag{2-6}$$

④《工程测量规范》规定，图根水准测量高差闭合差的容许值，在平坦地区为：

$$f_{h容} = \pm 40 \sqrt{L} \, (\text{mm}) \tag{2-7}$$

式中　L——水准路线长度(km)。

在山区，每千米水准测量的站数超过 16 站时，容许值为：

$$f_{h容} = \pm 12 \sqrt{n} \, (\text{mm}) \tag{2-8}$$

式中　n——水准路线的测站数。

⑤若高差闭合差在容许范围内，则进行闭合差调整及高程计算。否则应返工重测。高差闭合差的调整公式为

$$V_i = -\frac{L_i}{\sum L} f_h \quad \text{或} \quad V_i = -\frac{n_i}{\sum n} f_h \tag{2-9}$$

各测段高差闭合差分配值总和应为 $(-f_h)$，各测段改正后高差为($\hat{h}_i = h_i + V_i$)。

2.1.1.5　水准测量的误差和注意事项

（1）水准测量的误差

分析水准测量误差产生的原因，目的是为了防止和减小各类误差，提高水准测量的观测精度。水准测量误差主要由于仪器结构的不完善、观测者感觉器官的鉴别能力有限，以及外界自然条件的影响等原因导致。具体如下：

①仪器校正的残余误差　安置时尽可能使前、后视距离相等，采用适宜的观测方法、选择合格的水准尺，严格按操作规程进行测量。

②整平误差　每次观测前必须使水准器气泡严格居中并立即读数，读数后气泡仍居中方可记录。

③读数误差　读数前应消除视差，仔细对光，估读至毫米，并且视距不超过100m。

④准尺倾斜的影响 水准尺倾斜度越大，误差越大(总是大于水准尺竖直时读数)。因此，应特别注意扶直水准尺。装有圆水准器的水准尺，应使气泡居中后再进行读数。

⑤仪器及水准尺下沉的影响 在土质较松软的地面上测量时，应将脚架和尺垫踩实并迅速观测。在一站上观测，应使用双面尺，采用"后—前—前—后"的观测顺序，取黑、红面高差的平均值，可减小误差。

⑥地球曲率及大气折光的影响 采取前、后视距离大致相等，视线高出地面0.3m等方法减小地球曲率和大气折光的影响。

⑦大气温度和风力的影响 当烈日照射时要撑伞遮阳，以免阳光直射。大风可使水准尺竖立不稳，水准仪难以置平，此时应尽可能停测。

(2)水准测量的注意事项

水准测量连续性很强，稍有疏忽就容易出错，只要有一个环节出现问题，就可能造成局部甚至全部返工。因此，还需要注意如下3点：

①每次读数前，一定要使水准器气泡严格居中，不要将手按在脚架上；读数后要检查气泡是否仍居中。如有明显变化，应整平后重新读数。

②在已知高程点和待测点上不能放置尺垫，只能在转点上放置尺垫；观测者未读后视读数之前，不得碰动后视尺垫；未读转点前视读数，仪器不得迁站；工作中间停测时，应选择稳固易找的固定点作为转点，并测出其前视读数。

③所有计算必须进行检核，未经检核的计算结果不能使用。

2.1.2 三角高程测量

当地形高低起伏、两点间高差较大而不便于进行水准测量时，可用三角高程测量的方法测定两点间的高差已计算点的高程。三角高程测量时，应测定两点间的斜距(或水平距)及竖直角、仪器高、目标高，然后计算得点的高程。由于各生产单位已普遍使用全站仪和GPS，故本知识点主要以理解测量原理和掌握计算方法即可。

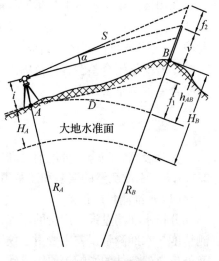

图2-4 水准测量原理

如图2-4所示，已知A点高程H_A，欲求B点高程H_B。可将仪器安置在A点，照准B点目标，测得竖角α，量取仪器高i和目标高v。

如果用电磁波测距仪测得A、B两点间的斜距S，则高差为：

$$h = S \cdot \sin\alpha + i - v \qquad (2\text{-}10)$$

式中 i——仪器高；

v——觇牌中心至地面点高度。

由于受地球曲率的影响而产生球差，受大气折光的影响产生气差。球差改正(f_1)和气差改正(f_2)之和为

$$f = \frac{D^2}{2R}(1 - k) \tag{2-11}$$

式中　f——两差改正；

　　　R——地球平均曲率半径（$R = 6\,371\text{km}$）；

　　　k——大气垂直折光系数。

因 k 值大约在 $0.08 \sim 0.14$ 之间，所以，f 恒大于零。计算时用式（2-12）可减少两差改正误差。

$$h = S \cdot \tan\alpha + i - v + f \tag{2-12}$$

另一种减少两差改正误差的方法是进行对向观测，取往返观测高差的平均值，可抵消 f，变为式（2-13）。

$$h = \frac{1}{2}(h_{AB} - h_{BA}) \tag{2-13}$$

2.1.3　GPS 概述

2.1.3.1　GPS 定义

利用 GPS 定位卫星，在全球范围内实时进行定位、导航的系统，称为全球卫星定位系统（Global Positioning System，GPS）。

2.1.3.2　GPS 简介

GPS 起始于 1958 年美国军方的一个项目，1964 年投入使用。20 世纪 70 年代，美国陆海空三军联合研制了新一代卫星定位系统 GPS。研制该系统的主要目的是为陆海空三大领域提供实时、全天候和全球性的导航服务，并用于情报收集、核爆监测和应急通讯等一些军事目的。经过 20 余年的研究实验，耗资 300 亿美元，到 1994 年，全球覆盖率高达98%的 24 颗 GPS 卫星星座已布设完成，主要功能是导航、测量、授时。

2.1.3.3　GPS 组成

GPS 由地面监控系统、工作卫星、用户设备三部分组成。

（1）地面控制系统

由 1 个主控站（美国科罗拉多）、3 个注入站（大西洋的阿森松群岛、印度洋的迪戈加西亚、太平洋的卡瓦加兰空军基地）、5 个监测站组成。5 个监测站除了位于 1 个主控站和 3 个注入站外，还在夏威夷设了 1 个监测站。

（2）工作卫星

由 24 颗卫星组成，均匀分布在 6 个与赤道倾角为 55°近似圆形轨道上，如图 2-5 所示。每个轨道 4 颗卫星运行，距地表平均高度 20 200km，速度为3 800m/s，运行周期为 11h58min，每颗卫星覆盖全球38%面积，保证地球上任何地点、任何时刻、高度15°以上天空能同时观测到 4 颗以上卫星。

图 2-5　GPS 卫星星座

（3）用户设备

即 GPS 信号接收机。接收 GPS 卫星发射信号，以获得必要的导航和定位信息，经数据处理，完成导航和定位（三维坐标）工作。GPS 接收机硬件一般由主机、天线和电源组成。

2.1.3.4　GPS 定位、导航原理及定位精度

GPS 定位的基本原理是根据高速运动的卫星瞬间位置作为已知的起算数据，采用空间距离后方交会的方法，确定待测点的位置。

GPS 导航系统的基本原理是测量出已知位置的卫星到用户接收机之间的距离，然后综合多颗卫星的数据就可知道接收机的具体位置。

单机导航精度约为 10m，综合定位精度可达厘米级和毫米级。但民用领域开放的精度约为 10m。

2.1.3.5　GPS 特点

（1）全球全天候定位

GPS 卫星的数目较多，且分布均匀，保证了地球上任何地方任何时间至少可以同时观测到 4 颗 GPS 卫星，确保实现全球全天候连续的导航定位服务（除打雷、闪电时不宜观测外）。

（2）定位精度高

应用实践已经证明，GPS 相对定位精度在 50km 以内可达 6～10m，100～500km 可达 7～10m，1 000km 可达 9～10m。在 300～1 500m 工程精密定位中，1h 以上观测时解其平面位置误差小于 1mm，与 ME-5000 电磁波测距仪测定的边长比较，其边长较差最大为 0.5mm，校差中误差为 0.3mm。

（3）观测时间短

随着 GPS 系统的不断完善、软件的不断更新，20km 以内相对静态定位，仅需 15～20min；快速静态相对定位测量时，当每个流动站与基准站相距在 15km 以内时，流动站观测时间只需 1～2min；采取实时动态定位模式时，每站观测仅需几秒钟。

（4）测站间无需通视

GPS 测量只要求测站上空开阔，不要求测站之间互相通视，因而不再需要建造觇标。

（5）仪器操作简便

随着 GPS 接收机的不断改进，GPS 测量的自动化程度越来越高，有的已趋于"全自动化"。在观测中测量员只需安置仪器，连接电缆线，量取天线高，监视仪器的工作状态，而其他观测工作，如卫星的捕获、跟踪观测和记录等均由仪器自动完成。结束测量时，仅需关闭电源，收好接收机，便完成了野外数据采集任务。

如果在一个测站上需做长时间的连续观测，还可以通过数据通讯方式，将所采集的数据传送到数据处理中心，实现全自动化的数据采集与处理。

（6）可提供全球统一的三维地心坐标

GPS 测量可同时精确测定测站平面位置和大地高程。GPS 水准可满足四等水准测量的精度。另外，GPS 定位是在全球统一的 WGS-84 坐标系统中计算的，因此全球不同地点的测量成果是相互关联的。

（7）应用广泛

GPS 应用遍及国民经济各种部门，并开始逐步深入人们的日常生活。在测绘方面如：建立和测定大地控制网点；地图测绘；建立地理信息系统；公路、铁路、大坝等大型工程

建设的测量；水下地形测量、地壳形变测量；大坝和大型建筑物变形监测等。

根据用途分导航型、测地型和授时型。根据载波频率分单频接收机(用 1 个载波频率)和双频接收机(用 2 个载波频率)。根据作业任务不同，可选择不同精度的仪器，静态 GPS 用于控制测量，GPS-RTK 可用于控制测量及碎部测量，手持接收机 GIStar 精度达亚米级。

2.1.4　BDS 概述

北斗卫星导航系统(BeiDou Navigation Satellite System，BDS)是中国正在实施的自主研发、独立运行的全球卫星定位与通信系统，与美国的全球定位系统(GPS)、俄罗斯的"格洛纳斯"(GLONASS)、欧盟的"伽利略"(GALILEO)系统兼容共用，并称全球四大卫星导航系统。系统由空间端、地面端和用户端组成，空间端包括 5 颗静止轨道卫星和 30 颗非静止轨道卫星，地面端包括主控站、注入站和监测站等若干个地面站，用户端由北斗用户终端以及与美国全球定位系统、俄罗斯"格洛纳斯"、欧盟"伽利略"等其他卫星导航系统兼容的终端组成。

北斗导航系统是覆盖中国本土的区域导航系统，覆盖范围东经约 70°~140°，北纬5°~55°，可在全球范围内全天候、全天时为各类用户提供高精度、高可靠定位、导航、授时服务，并具短报文通信能力，已经初步具备区域导航、定位和授时能力，定位精度优于20m，授时精度优于100ns。2012 年 12 月 27 日，北斗系统空间信号接口控制文件正式版1.0 公布，北斗导航业务正式对亚太地区提供无源定位、导航、授时服务。

北斗系统在国防上的应用，能使作战效能提高 100~1 000 倍，作战费效比提高 10~50倍，大大提高国防能力和减少国防经济的负担。北斗还将在智能交通、路况信息管理、道路堵塞治理、车辆监控和车辆自主导航方面有广泛的应用前景。

 **任务实施**

一、认识水准仪

1. 技能目标

①熟悉各类水准仪的基本构造。

②明确各部件的功能。

2. 准备工作

(1)场地准备

理实一体实训室。

(2)仪器和工具

微倾式水准仪、自动安平水准仪、电子水准仪、塔尺、双面尺、条码尺(每组每类型一台仪器)。

3. 方法步骤

(1)微倾式水准仪

微倾式水准仪主要由望远镜、水准器和基座三部分组成，如图 2-6 所示。

①望远镜由物镜、调焦透镜、十字丝分划板和目镜组成，如图 2-7(a)所示。十字丝分划板上刻有三根横丝和垂直于横丝的一根竖丝，如图 2-7(b)所示，中间长横丝称为中丝，

图 2-6 微倾式水准仪

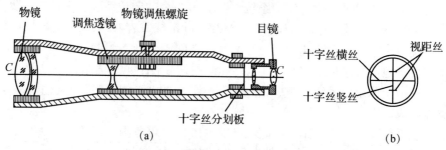

图 2-7 望远镜与十字丝分划板

用于读取水准尺的读数；上、下两根较短的横丝称为视距丝(上丝和下丝)，用来测定仪器与标尺间距离。

望远镜物镜光心与十字丝交点的连线称为望远镜视准轴(CC)，也称视线。

转动物镜调焦螺旋，则调焦透镜前后位移，使目标像成像在十字丝分划板平面上，如图2-8(a)所示。如果目标像与十字丝分划板平面不重合，观测者眼睛在目镜端上、下微微移动时，目标像与十字丝之间就会相对移动，如图2-8(b)所示，这种现象称为视差。消除视差的方法是：调节目镜调焦螺旋，使十字丝清晰；调节物镜调焦螺旋，使物像清晰。

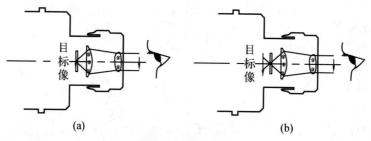

图 2-8 判断视差

②水准器分为管水准器和圆水准器。圆水准器顶面内壁中央小圆圈圆心为圆水准器的零点，过零点的球面法线为圆水准器轴。管水准器内圆弧中心称为管水准器的零点，过零点的内圆弧切线为水准管轴。

③基座由轴座、脚螺旋、底板和三角压板构成，其作用是支承仪器的上部，用中心连接螺旋将基座连接在三脚架上。

微倾式水准仪的操作步骤分为安置仪器、粗略整平、瞄准标尺、精确整平与读数。每次读数时需调至管水准器气泡居中。目前生产单位已普遍使用自动安平水准仪和电子水准仪，对该仪器了解即可。

（2）自动安平水准仪

自动安平水准仪的特点是没有水准管和微倾螺旋，只需调脚螺旋使圆水准气泡居中达到粗平后，借助补偿装置的作用，使视准轴在 $1 \sim 2s$ 内自动处于水平状态，便可通过望远镜读取标尺读数。图 2-9(a) 为南方测绘公司生产的 NL-A 型自动安平水准仪。

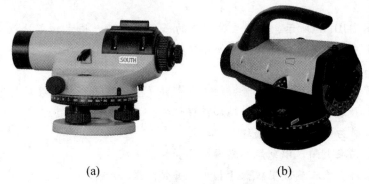

(a)   (b)

图 2-9　自动安平水准仪与电子水准仪

（3）电子水准仪

电子水准仪又称数字水准仪，它是以传统的自动安平水准仪为基础，在望远镜光路中增加了分光镜和探测器（CCD），并采用条码标尺和数字图像处理技术进行标尺自动读数的高精度水准测量仪器。图 2-9(b) 为南方测绘公司生产的电子水准仪 DL-200，电子水准仪由望远镜、水准器（水平气泡）、键盘和显示窗、数据卡、水平微动螺旋等部件组成。与其配套使用的条码尺如图 2-10(c) 所示，只要不被障碍物（如树枝等）遮挡 30%，就可进行测量。电子水准仪操作简单，先调脚螺旋使圆水准器气泡居中，再用望远镜照准条码尺，调焦后按测量键，仪器便可自动读取、记录、计算和校核观测数据。还可通过专用传输电缆将观测数据下载到计算机进行数据处理。

（4）水准尺及尺垫

水准尺一般用优质木材、玻璃钢或铝合金制成，长度 $2 \sim 5$ m，种类如图 2-10 所示。

塔尺，如图 2-10(a) 所示，可收缩，便于携带，尺面最小分划为 1cm 或 0.5cm，常用于图根水准测量。

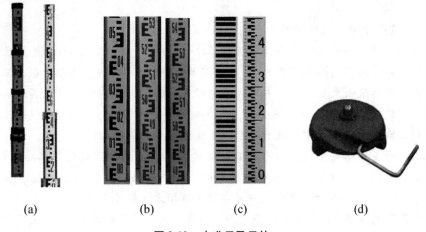

(a)   (b)   (c)   (d)

图 2-10　水准尺及尺垫

双面尺为直尺，如图 2-10(b)所示，以两把尺为一对使用，最小分划为 1cm。每尺分黑、红两面，黑面均从零分划；而红面，一把尺由 4.687m 起分划，另一把尺由 4.787m 起分划，起始数相差 0.1m，供测量校核用。双面水准尺多用于三、四等水准测量。

条码尺是专为电子水准仪配套使用的水准尺，如图 2-10(c)所示，使用时应注意勿磨损其表面。

尺垫，如图 2-10(d)所示，是用生铁铸成的三角形板座，用于转点处放置水准尺。使用时将其踩入土中，水准尺立于尺垫中央半球上。

4. 注意事项

①领取仪器时应先观察放置位置，检查各部件是否完好，写明情况后签字。

②仪器工具搬运过程中要注意勿磕碰，保证安全。

③旋转螺旋时勿过紧，以免损坏。

④望远镜勿瞄准太阳，以免烧坏光学部件和灼伤眼睛。

⑤观测结束时，应正确放置仪器于箱中，并锁好搭扣。

⑥仪器送回库存时，应由管理人员检查登记。

5. 递交资料(报告)

①水准仪的种类及组成部件。

②水准尺的种类及特点。

二、水准仪的基本操作

1. 技能目标

①掌握水准仪的基本操作方法。

②掌握消除视差的方法。

2. 准备工作

(1)场地准备

较安全的封闭实训场地。

(2)仪器和工具

微倾式水准仪、自动安平水准仪、电子水准仪、塔尺、双面尺、条码尺(每组每类型 1 台仪器)。

3. 方法步骤

(1)自动安平水准仪操作练习

自动安平水准仪操作按程序分为安置仪器、粗略整平、瞄准标尺与读数。

①安置仪器　在距离两端观测目标(水准尺)大致等距离处设置测站，张开三脚架，使其高度适当，目估架头大致水平，并牢固地架设在地面上，三脚架脚尖踩实。从仪器箱中取出水准仪(注意放置位置)放于架头上，用中心连接螺旋将其与三脚架连接起来。地面松软时，应将三脚架腿踩入土中，注意圆水准器气泡尽量靠近中心。

②粗略整平　粗略整平简称粗平，就是通过调节仪器的脚螺旋使圆水准器气泡居中，以达到仪器竖轴铅直、视准轴粗略水平的目的。操作方法是：气泡偏离圆水准器中心位置，如图 2-11 所示 a 的位置；则先用双手按箭头所指方向相对地转动脚螺旋 1 和 2，使气泡移到两脚螺旋连线的中间，如图 2-11 所示 b 的位置；再单独转动脚螺旋 3，使气泡居中。

在粗平过程中，气泡移动的方向与左手大拇指转动脚螺旋的方向是一致的。用双手同时操作两个脚螺旋时，应以左手大拇指的转动方向为准，同时向内或向外旋转。按上述方法反复操作几次，直到望远镜转到任何方向时，圆水准器气泡都居中。

③瞄准标尺

目镜调焦：使望远镜对到远处明亮的地方，转动目镜调焦螺旋，直到十字丝清晰为止。

粗略瞄准：手抓微动螺旋，转动望远镜，利用镜筒上部的瞄准器瞄准水准尺。

物镜调焦：转动物镜调焦螺旋(对光螺旋)，使水准尺成像清晰。

消除视差：交替调节目镜螺旋和物镜调焦螺旋，直到眼睛上、下移动时读数不变为止。

精确瞄准：转动微动螺旋，使十字丝的竖丝贴近水准尺像的边缘或中央。

④读数　当确认圆水准器气泡居中时，应立即用十字丝横丝对水准尺进行读数，如图2-12所示。读数时，水准尺必须竖直，读数应从小到大读，直接读米、分米、厘米，估读到毫米，然后报出完整的读数。读完数后，检查圆水准器气泡，若仍居中，将结果记入手簿；否则，再次整平，重新读数。

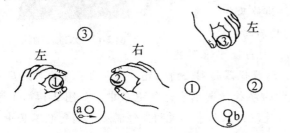

图2-11　圆水准器的整平

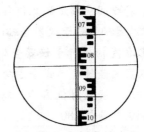

图2-12　用十字丝横丝在尺上读数

(2)电子水准仪操作练习

电子水准仪在安置、粗平、瞄准时与自动安平水准仪操作相同，只是在电子扫描条码尺测量时，要将竖丝调在条码尺中央，再按"测量键"即可。若出现"测量错误"提示，按"ESC"回退后重测即可。注意扶尺手不得晃动水准尺。

4. 注意事项

①仪器安置要稳定，仪器旁不能离人。

②水准尺要扶好，不能用物体支撑代替。

5. 递交资料(报告)

①自动安平水准仪、电子水准仪的操作步骤。

②视差消除的方法及意义。

三、水准仪的轴线及检验

1. 技能目标

①明确各类水准仪的轴线及关系。

②掌握自动安平水准仪和电子水准仪的检验方法，理解校正方法。

2. 准备工作

(1)场地准备

较安全的封闭实训场地。

（2）仪器和工具

每组：自动安平水准仪1台套、电子水准仪1台套、配套水准尺及测伞。

3. 方法步骤

（1）水准仪、三脚架一般性视检

领取仪器工具时，对各部件进行一般性检查，有问题时如实反映，登记后由组长签字。

（2）水准仪的轴线及关系

微倾式水准仪的轴线如图2-13所示：VV为仪器竖轴，LL为水准管轴，$L'L'$为圆水准器轴，CC为视准轴。

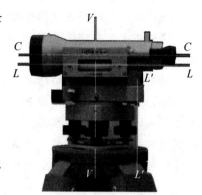

图2-13　水准仪轴线

其轴线间应满足以下几何条件为：

①圆水准器轴应平行于仪器竖轴（$L'L' /\!/ VV$）。

②十字丝的横丝应垂直于仪器竖轴（横丝 $\perp VV$）。

③视准轴应平行于水准管轴（$CC /\!/ LL$）。

其中第三条是微倾式水准仪应满足的主要条件。

自动安平水准仪与电子水准仪均无管水准器，所以无水准管轴，轴线间应满足的几何条件为前两条。

（3）圆水准器轴平行于仪器竖轴的检验与校正

如果圆水准器轴平行于仪器竖轴，则当圆水准器气泡居中时，仪器的竖轴处于铅垂方向，这样仪器转到任何位置，圆水准器气泡都应居中。

①检验方法　安置好仪器后，转动脚螺旋使圆水准器气泡居中，如图2-14（a）所示。然后将仪器绕竖轴旋转180°，这时如果气泡仍然居中，说明条件满足；如气泡不居中，如图2-14（b）所示，则需进行校正。

②校正方法　先转动脚螺旋使气泡向中央位置移动其偏离的一半，如图2-14（c）所示，气泡由虚线位置移到实线位置；然后用校正拨针拨动圆水准器底下的三个校正螺钉，使气泡居中，如图2-14（d）所示。校正工作一般难以一次完成，需反复检校2~3次，直至仪器旋转到任何位置，圆水准器气泡均处在居中位置为止。

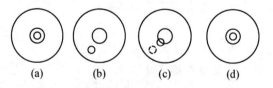

    （a）   （b）   （c）   （d）

图2-14　圆水准器的检验与校正

（4）十字丝横丝垂直于仪器竖轴的检验与校正

十字丝横丝应垂直于仪器竖轴。若该条件满足，当仪器整平后，竖轴竖直，此时用横丝的任何部位在水准尺上将可读出相同的数值。

①检验方法　将仪器粗略整平后，在望远镜中用十字丝横丝的一端瞄准一个清晰的固定目标点M，如图2-15（a）所示，然后转动微动螺旋使望远镜缓缓转动，如果M点始终在十字丝横丝上移动，如图2-15（b）所示，说明横丝与仪器竖轴垂直，不需要校正。若M点偏离了横丝，如图2-15（c）所示，则需要进行校正。

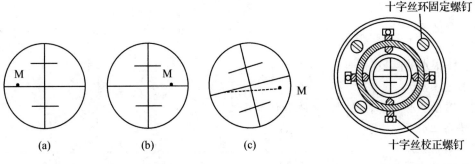

<table>
<tr><td>图 2-15　十字丝横丝的检验</td><td>图 2-16　校正十字丝的方法</td></tr>
</table>

②校正方法　由于十字丝装置形式各有不同，故校正的方法也有差别。对于图 2-16 的形式，则应先卸下目镜的外罩，用螺丝刀把四个十字丝环固定螺钉稍微松开，再转动十字丝分划板，使横丝与图 2-15(c)中所示的虚线重合或平行，最后再拧紧这四个十字丝环固定螺钉即可。

十字丝横丝垂直于仪器的竖轴对水准仪来说是一项次要条件，如果误差不是很明显，一般不必进行校正。在观测时，只要利用十字丝交点进行读数，就可减小这项误差的影响。

（5）补偿器的检验

有的自动安平水准仪在物镜下方安置了一个撤钮，可检查补偿器是否起作用。读数前按一下撤钮，若标尺像上下微微摆动，最后水平丝回复到原来位置上，则补偿器处于正常工作状态。如仪器无此装置，可稍微转动一下脚螺旋，如读数没有变化，说明补偿器起作用，否则应由专业人员检查修理。

4. 注意事项

①检校应按顺序进行，不能颠倒。

②学生只练习检验，不校正。发现仪器有问题时，只做记录。

5. 记录格式

班级_____组号_____组长（签名）_____仪器_____编号_____

成像_____测量时间：自____:____测至____:____日期：_____年_____月_____日

1. 仪器视检	三脚架是否平稳		望远镜目镜螺旋		
	脚螺旋		望远镜对光螺旋		
	微动螺旋		望远镜成像		
2. 圆水准器轴平行于竖轴	检验次数	1	2	3	4	5
	气泡偏离格数					
3. 十字丝横丝垂直于竖轴	检验次数	误差是否显著			
	1				
	2				
4. 补偿器检验	检验次数	补偿器是否起作用			
	1				
	2				

6. 递交资料

①检验方法。

②检验记录表。

四、图根水准测量

1. 技能目标

掌握图根水准测量的观测、记录和计算方法。

2. 准备工作

(1) 场地准备

实习基地。

(2) 器材

每组：自动安平水准仪 1 台套、双面尺 1 对、电子水准仪 1 台套、条码尺 1 对、配套尺垫、皮尺、测伞等。

3. 方法步骤

设 A 点高程为 100.000m，欲用等外水准测量的方法测得 B、C、D 图根点的高程值。A—B—C—D 四点连成闭合水准路线，各段距离在 60~80m 之间。

为保证精度，在每一站的水准测量中，采用双仪器高法或双面尺法进行观测测站检核。双仪器高法是在一个测站通过改变仪器高度(相差 10cm 以上)观测两次高差，若高差互差不超 5mm，取平均值作为该测站高差；若超限，应检查重测。

(1) 自动安平水准仪配合双面尺外业测量

①在 A 点立一根双面水准尺(如 4 687 尺称为 1 号尺)，B 点立一根双面水准尺(如 4 787 尺称为 2 号尺)，将水准仪安置在两者中间，进行第一站观测。整平仪器后，按"后黑—后红—前黑—前红"的顺序观测中丝读数，(同时量取前视、后视水平距离)，数据要用 2H 或 3H 铅笔现场计入手簿(附表 1)，分别计算黑面高差 h_1、红面高差 h_2 及误差 Δh。

$h_1 = 后黑 - 前黑$

$h_2 = 后红 - 前红$

若　$\Delta h = \left| h_1 - (h_2 + 0.1) \right| \leq 0.005m$

则平均值为：

$$\overline{h} = \frac{1}{2} \left[h_1 - (h_2 + 0.1) \right] \tag{2-14}$$

②第二站观测时，将 A 点水准尺(1 号尺)立于 C 点。按上述方法后视 B 点、前视 C 点继续观测。因 2 号水准尺转为后视，计算时应将 $(h_2 + 0.1)$ 改为 $(h_2 - 0.1)$，其余方法相同。

③将 B 点水准尺立于 D 点，进行第三站观测，计算方法同第一站。

④将 C 点水准尺立于 A 点，进行第四站观测，计算方法同第二站。

(2) 成果整理

测站检核不能保证整条水准路线的观测精度，还需要通过水准路线闭合差来检核验。

①复核测量记录与计算，将外业记录表数据对应抄于成果整理表(附表 2)。

②计算高差闭合差。

按式(2-4)计算水准路线高差闭合差；

按式(2-7)计算图根级水准测量的容许误差, 若不超限, 则进行高差闭合差的调整。

③分配高差闭合差及高程计算。

按式(2-9)分配高差闭合差, 计算改正后的高差和 B、C、D 的高程。

(3)电子水准仪外业测量

若用电子水准仪进行外业测量, 可按附表3测量记录数据, 技术要求参看表3-3和表3-4。

4. 注意事项

①距离丈量读数均读到 dm 位。

②原始记录要用2H、3H铅笔现场直接记入手簿, 不得过后补填。

③观测者读出数据后, 记录者要边记录边复诵, 数字写在格的下半部分。

④发现写错要用铅笔在数字上划一横线, 将正确数字写在格的上半部分, 不允许用橡皮擦。

5. 记录格式

记录格式见附表1至附表3。

附表1 水准测量外业观测记录手簿

班级_____组号_____组长(签名)_____仪器_____编号_____

成像_____测量时间: 自____:____测至____:____日期: _____年_____月_____日

测站	点号	距离 (km)	水准尺读数(mm)		高差 (m)	平均高差(m)	高程 (m)	备注
			后视	前视				
1	A	L_{AB}	后黑				100.000	
	A		后红					
	B			前黑	h_1	Δh		
	B			前红	h_2	$\bar{h}$		
2	B	L_{BC}						
	B							
	C							
	C							
3	C	L_{CD}						
	C							
	D							
	D							
4	D	L_{DA}						
	D							
	A							
	A							
检核 计算	Σ							

注: 该表适用于双面水准尺。

附表 2　图根水准测量成果处理

点号	距离(km)	高差(m)			高程(m)	备注
		观测值	改正数	改正后高差		
A					100.000	
B						
C						
D						
A						
Σ						

附表 3　电子水准仪水准测量外业观测记录手簿

班级_____　组号_____　组长(签名)_____　仪器_____　编号_____

成像_____　测量时间：自___:___测至___:___　日期：_____年_____月_____日

测站编号	后距(m)	前距(m)	方向及点号	标尺读数(m)		两次读数之差(mm)	备注
	视距差(m)	累积视距差(m)	后 – 前	第一次	第二次		
			平均值				
			后				
			前				
			后 – 前				
			平均值				
			后				
			前				
			后 – 前				
			平均值				
			后				
			前				
			后 – 前				
			平均值				
			后				
			前				
			后 – 前				
			平均值				

6. 递交资料

①方法步骤。

②外业记录表。

③内业计算表。

五、认识 GPS-RTK

1. 技能目标

①了解 GPS-RTK 的配置和精度指标。

②熟悉主机主界面各按键功能和接口作用。

2. 准备工作

（1）场地准备

实习基地（空旷）。

（2）器材

每组：GPS-RTK（基准站 1 台，移动站加手簿每组 1 台）。

3. 方法步骤

（1）配置

图 2-17 是广州南方测绘仪器公司生产的灵锐 S-86 RTK，标准配置 1 个基准站和 1 个移动站，可根据需要购买任意个移动站。基准站由主机、数传电台、发射天线与电瓶组成，每个移动站的设备有 1 个主机与 1 个 S730 手簿。移动站电台模块放置在主机内，通过主机顶部的数据链天线接发数据。手簿与接收机间通过内置的蓝牙卡进行数据通讯。

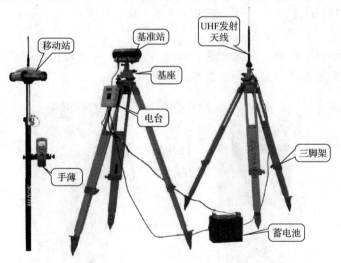

图 2-17　GPR-RTK 标配

（2）接收机精度指标

静态平面精度为 ±3mm + 1×1ppm，静态高程精度为 ±5mm + 1ppm，静态作用距离为 80km 以内；RTK 平面精度为 ±1cm + 1ppm，RTK 高程精度为 ±2cm + 1ppm，RTK 作用距离为 8km 以内。

（3）主机主界面

图 2-18（a）为主机正面，有发射信号、接收信号蓝牙及数据指示灯，有重置、翻页、

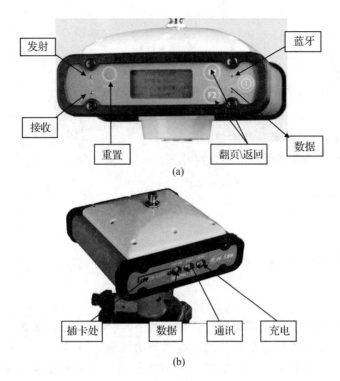

（a）

（b）

图 2-18　S-86 主机主界面

返回按键；图 2-18（b）为主机背面，有 SIM 卡插卡处、数据接口、通讯接口及充电口。

（4）手簿

图 2-19（a）为手簿正面，分键盘区、显示屏及系统指示灯；图 2-19（b）为手簿背面，下端有充电接口和数据传输接口；图 2-20 为键盘区介绍。

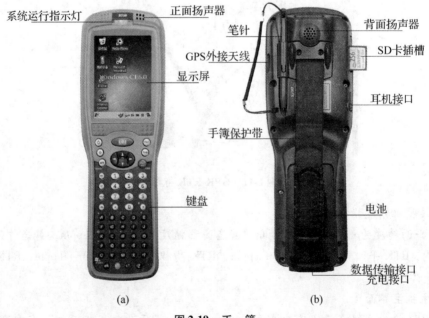

（a）　　　　　　　　　　　　　（b）

图 2-19　手　簿

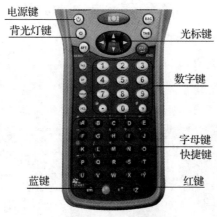

图 2-20　键盘区功能

六、RTK 及工程之星 3.0 简要操作

1. 技能目标

初步掌握 GPS-RTK 的基本设置和采集点的坐标的方法。

2. 准备工作

（1）场地准备

实习基地（空旷）。

（2）器材

GPS-RTK（基准站 1 台，移动站加手簿每组 1 台）。

3. 方法步骤

RTK 操作步骤是：主机模式调节→启动基准站→移动站操作→数据传输。具体步骤如下。

（1）调节主机模式

①基准站发射模式　按 POWER 键开机，当显示屏左上角出现倒计时 3..2..1 时按 F1 或 F2 键，再按 F1 或 F2 键选择"设置工作模式"时按 开关 键确认，继续按 F1 或 F2 键选择"基准站模式设置"，按 F1 或 F2 键选择"修改"，差分模式选择 RTCM3.0，自动启动与记录数据根据实际情况进行选取。按 F1 或 F2 键选择"确定"进入星图界面后，再按 开关 键界面出现"设置工作模式"时按开关确定，选择"修改"，进入数据链设置模块，若用内置电台发射，选择数据链为"内置电台"，并设置相应通道；如用外接电台选择"外接模块"；如用网络模式，选择"GPRS 网络"；选择后按 F2 键下翻出现（确定、修改、取消）界面时按 开关 键确认。此时此主机设为基准站内置模式或外接电台发射模式，或 GPRS 网络模式（内置电台模式在界面右中部显示小发射塔和通道；外接模块将显示 E；网络模式将显示 G）。

②移动站　按 POWER 键开机，当显示屏左上角出现倒计时 4..3..2..1 时按 F1 或 F2 键，再按 F1 或 F2 键当光标移动到"设置工作模式"时按 开关 键确认，继续按 F1 或

$\boxed{\text{F2}}$键选择"移动站",当进入星图界面后再按$\boxed{\text{开关}}$键,界面出现设置工作模式时按开关确定,按$\boxed{\text{F1}}$或$\boxed{\text{F2}}$键选择数据链模式,选择模式需与基准站模式保持一致;选择后按$\boxed{\text{F2}}$键下翻出现(确定、修改、取消)界面时按$\boxed{\text{开关}}$键确认。

(2)设置手簿蓝牙(以730手簿为例)

开机后,手簿桌面如图2-21所示。设置手簿蓝牙的操作步骤如下。

图 2-21　手簿桌面

图 2-22　蓝牙设备管理器

打开"蓝牙设备管理器",如图2-22所示,在"蓝牙设备"选项卡中单击"扫描设备",搜索列表中将列出周围的蓝牙设备。双击对应的移动站仪器编码节点,连接该服务;双击"串口服务",选择串口号后点"确定"。在"串口管理"选项卡中将列出所有正在使用的蓝牙虚拟串口。完成虚拟串口的建立后,工程之星中可使用该串口与蓝牙设备进行数据通讯。

(3)工程之星操作

在蓝牙设置好后直接打开工程之星,会自动连接。若连接不成功,会提示"打开端口失败,请重新连接",这时单击"配置"下的"端口设置",选择在蓝牙串口管理中建立的虚拟串口号,波特率115 200,单击"确定",即可自动连接。在实际测量工作中,当手簿与移动站相距太远,手簿显示无数据,此时为手簿与移动站间蓝牙断开连接,重新连接蓝牙即可。

具体操作步骤为:

①新建工程　在工程之星主界面(图2-23)下单击"工程\新建工程",出现新建作业的界面,首先在工程名称里面输入所要建立工程的名称,新建的工程将保存在默认的作业路径"\我的设备\EGJobs\"里面,然后单击"确定",进入参数设置向导(图2-24)。顶部有5个菜单:坐标系、天线高、存储、显示和其他。

坐标系统:坐标系统下有下拉选项框,可以在选项框中选择合适的坐标系统,也可以点击下边的"浏览"按钮,查看所选的坐标系统的各种参数。如果没有符合所建工程的坐标系统,可以新建或编辑坐标系统,单击"编辑"按钮,单击"增加"或者"编辑"按钮出现坐标系设置界面,输入参考系统名,在椭球名称后面的下拉选项框中选择工程所用的椭球系统,输入中央子午线等投影参数。然后在顶部的选择菜单(水平、高程、七参、垂直)中选择并输入所建工程的其他参数,并且选择"使用＊＊参数"前方框,表明新建的工程中会使用此参数。如果没有四参数、七参数和高程拟合参数，可以单击"OK"，则坐标系统已经建立完毕。单击"OK"进入坐标系统界面。选中建好的坐标系，输入天线高，根据不同的工程需求对存储、显示以及精度因子进行设置，单击确定，新建工程完毕。

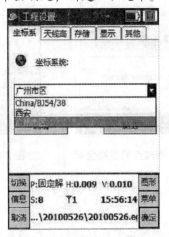

| 图 2-23　工程之星主界面 | 图 2-24　工程设置主界面 |

②求转换参数及校正　GPS 接收机输出的数据是 WGS-84 经纬度坐标，需要转化到施工测量坐标系中，这就需要进行坐标转换参数的计算和设置。求转换参数有几种方法，以下以最常用的四参数为例加以说明。

四参数指的是在投影设置下选定的椭球内 GPS 坐标系和施工测量坐标系之间的参数转换，需要特别注意的是参与计算的控制点原则上至少要用两个或两个以上的点，控制点等级的高低和分布直接决定了四参数的控制范围。

点击"输入→求转换参数"，打开之后单击"增加"，输入控制点已知平面坐标，输入完毕之后，单击右上角的"OK"或"确定"进入获取原始坐标界面(图 2-25)，这里需要获取点的经纬度坐标，如果已知点的经纬度坐标，可以通过"从坐标管理库选点"进行录入或者"直接输入大地坐标"进行输入；如果点坐标未知，可以选择"读取当前点坐标"，即在该点对中整平时记录一个原始坐标，点击"OK"后，这时第一个点增加完成，单击"增加"，重复上面步骤，增加另外点。所有的控制点都输入后，向右拖动滚动条查看水平精度和高程精度(图 2-26)。

单击"保存"，在这里选择参数文件的保存路径并输入文件名，建议将参数文件保存在当天工程下文件名"Info"文件夹里面，完成之后单击"确定"，然后单击"保存成功"小界面右上角的"OK"，四参数已经计算并保存完毕，再点击应用，把参数应用到当前工程中。

在当前工程中有四参数或七参数的情况下，第二天无需再求参数，只需用一个已知点进行校正即可工作。校正方法有基站架在已知点和未知点两种方法，以基站架设在未知点为例，操作步骤为：

在参数浏览里先检查所要使用的转换参数是否正确，然后进入"输入 \ 校正向导"，点击"校正向导"后进入单点校正模式界面。在校正模式选择里面选择"基准站架设在未知点"，再点击"下一步"。进入到输入已知点界面，系统提示输入当前移动站的已知坐标，再将移动站对中立于点上，输入点的坐标、天线高和天线高的量取方式，扶平后点击"校正"，系统会提示是否校正，在扶平状态下单击"确定"即可。

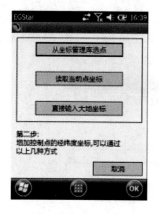
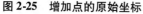

图 2-25　增加点的原始坐标

图 2-26　增加点完成

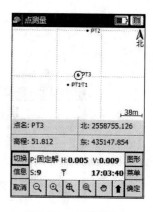

图 2-27　点测量界面

至此准备工作完毕，可以进行测量或放样了。

③点测量　在测量显示界面下面有四个显示按钮，在工程之星 3.0 里面，这些按钮的显示顺序和显示内容是可以根据自己的需要来设置的(测量的存储坐标是不会改变的)。单击显示按钮，左边会出现选择框，选择需要选择显示的内容即可。这里能够显示的内容主要有：点名、北坐标、东坐标、高程、天线高、航向和速度。

点击"测量→点测量"进入坐标采集界面(图 2-27)，在点上把杆立平，等仪器达到"固定解"采集要求时按"A"，把坐标采集下来，然后输入"点名""天线高"和"量取方式"，单击"OK"。采集完第一个点后，再采集第二个点时会默认第一个点设置，同时点名会自动增加 1。如果不改其设置，这时可以直接按回车键保存。连续按两次"B"键，可以查看已测量坐标。

④文件导出

工程→文件导入导出→文件导出。

◇导出文件类型选择如"南方 CASS 格式(*. dat) – Pn，Pc，y，x，h"；

◇测量文件选择工程名，如" \ EGJobs \ LY1 \ Data"；

◇成果文件自己取，勿与测量文件重名，如"LY1CHG"。

单击"导出"→单击"OK"。

(4)导入计算机

用数据线将手簿与计算机连接，连接方式有两种：U 盘模式和同步模式，需要使用 U 盘模式时需要在控制面板 USB 功能切换中进行设置。

4. 递交资料

①测量数据记录表。

②操作步骤。

七、认识 GIStar

1. 技能目标

①了解手持数据采集器(GISrar)的组成。

②熟悉各按键功能。

2. 准备工作

(1)场地准备

空旷、安全、无电磁干扰场地。

(2)器材

每组：手持数据采集器(GIStar)1 台。

3. 方法步骤

(1)手持数据采集系统(GIStar)组成

图 2-28 为南方测绘公司生产的 S750，由 GPS 天线及主板、液晶屏、按键区组成。按键区有 4 个键，分别是 win 键、esc 键、ent 键、pwr 键；两个指示灯，工作状况指示灯和电源指示灯；1 个小的凹入式的重启键，位于按键区左上角指示灯旁。

图 2-29 为 S750 的底端，有 SIM 卡插槽、USB 接口、存储卡插槽和充电接口。

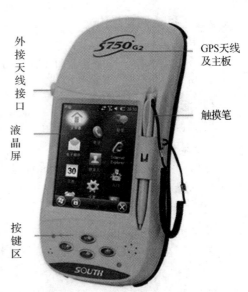

图 2-28　S750 手持数据采集器

图 2-29　手持数据采集器 S750 插口

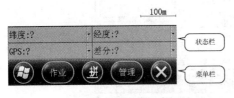

图 2-30　GIStar 主界面

(2)软件界面

运行 GIStar 软件，进入主界面视图(图2-30)，分为快捷工具栏、信息显示窗口、状态栏和菜单栏。

快捷工具栏功能从左至右依次为：放大、缩小、全局、拖动、属性查看、距离量算、GPS 信息查看、CORS 设置、数据采集、当前定位。

状态栏由四个可以改变的窗口组成，可根据实际情况任意调节显示内容。定位信息可显示内容包括：经度、纬度、椭球高、北坐标、东坐标、高程、PDOP、时间、状态、差分、水平残差、竖直残差、其他(高差、平距、斜距、历程、航向、速度等)。

菜单栏包括左右端两个 Windows Mobile 系统按钮，"作业""管理"两个 GIStar 菜单按钮，还包括中间的输入法切换按钮。Windows Mobile 系统按钮分别为开始菜单和返回桌面。

八、GIStar 简要操作

1. 技能目标

初步掌握手持数据采集器(GISrar)的基本设置和采集点坐标的方法。

2. 准备工作

(1)场地准备

空旷、安全、无电磁干扰场地。

(2)器材

每组：手持数据采集器(GIStar)1台。

3. 方法步骤

(1)开关机

开机：长按"power"键开机。

关机：在运行状态下长按"power"键按照提示选择"关闭"关机。

(2)基本设置

①打开、关闭软件

打开软件：找到"GIS数据采集"图标，单击，打开软件。

关闭软件：管理→退出→确定。

②新建工程　管理→工程→新建工程。

选择"新建工程"，弹出工程信息界面，对工程名称、储存路径、创建日期、操作人员、工程说明等工程信息进行设定后，点击"下一步"，进入坐标系统界面。此界面可以选择合适的坐标系统，默认坐标系统为北京54坐标系统。点击"编辑"进入坐标参数设置(图2-31)。选项卡包括：椭球、投影、七参、四参、高程、垂直、校正。

输入参考系统名，在椭球名称后面的下拉选项框中选择工程所用的椭球系统，输入中央子午线等参数。参数设置完成后"确定"返回坐标系统界面，点击"下一步"进入记录条件界面。根据不同的工程需求对记录限差进行更改。限差主要包括：状态限制、HRMS限制、VRMS限制、PDOP限制，其中状态限差建议差分3D，其他限差越小误差越小。点击"下一步"进入文件信息界面，完成设置后，点击"完成"，完成新建工程。

图 2-31　坐标参数设置界面　　　图 2-32　GPS 基本设置

③ GPS 基本设置　管理→GPS→基本设置。

选择"基本设置(图 2-32)",在对话框中对 GPS 进行基本设置,设置内容包括:仪器型号、定位端口、差分端口、高度角、时区,并对差分模式进行设置。仪器型号选择与仪器所对应的编码号相一致,将差分模式选为"SBAS",开启 SBAS 差分设置。选择自动跟踪SBAS 卫星,设置完成确认退出。西部地区无法得到差分 3D 时,需要定制 SBAS 卫星为MTSAT-1、MTSAT-2。方法如下:选择模式下下拉菜单中选择"定制 SBAS 卫星"。选定"定制 SBAS 卫星"后,在"MTSAT-1、MTSAT-2"两颗卫星前打钩,点击"确定"完成定制。

④校正　作业→输入→校正向导。

选择"校正向导",输入已知点的平面坐标,输入完毕后,站到已知点上,点击原始点的"查找"→"获取当前坐标",获取原始点的经纬度坐标,在"采集设置"中输入天线高,满足条件采集完成后,点击确定。

⑤采集点位　具体步骤如下:

第一步,查看卫星分布状况,点击卫星图标,或"管理→GPS→信息查看",效果如图 2-33 所示,当绿色卫星(表示卫星已经被锁定)多于 4 颗时,会有坐标显示出来。

第二步,查看 GPS 状态与精度(水平残差HRMS),GPS 状态分为单点解、差分解、浮点解、固定解,对应定位精度依次增高。水平残差 HRMS 的值越小表明精度越高,例如,如果显示"HRMS:0.03",表明当前误差范围在 0.03m(即精度为 3cm)。当定位精度达到要求时,即可进行下一步采集。

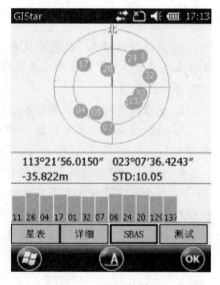

图 2-33　卫星分布状况

第三步,"Ent"键采集,确定选择要素类型(点/线/面),确定→输入点位名称→确定,完成点位的采集。采集完成后,在显示界面会显示点/线/面。

采集点位时,要素类型分为点、线、面。如果选择点,采集完成后显示为一点;如果采集线,采集完成后显示为一条直线,可查询线长信息;如果采集面,采集完成后显示为一个面,可查询所采面的周长、面积等信息。

⑥查看数据

作业→数据→要素查看(查看点、线、面)→坐标查看(只显示坐标)→退出。

⑦导出数据　具体步骤如下:

第一步,作业→输出→数据文件→选择格式(南方 CASS)→导出到本地磁盘→选择存放路径(storage card)→确定,提示成功。

第二步,用数据线将手持机与电脑相连,选择"下一步"完成同步;然后点击"浏览"图标,显示手持机文件;打开 storage card 文件夹,将所测数据复制,然后粘贴到电脑桌面上。

4. 递交资料

①操作步骤。

②测量数据记录表。

拓展知识

1. 南方测绘、拓普康、徕卡等品牌水准仪的种类及产品介绍。

2. 全球卫星定位系统(GPS)、北斗卫星导航系统(BDS)。

3. 南方测绘、拓普康、徕卡等品牌 GPS-RTK 和 GIStar 的种类及产品介绍。

4. RTK 和 GIStar 操作手册。

巩固训练项目

1. 水准仪快速安置及测量,水准路线闭合差分配。

2. GPS-RTK 的设置和坐标数据采集。

3. GIStar 的设置和坐标数据采集。

思考与练习

1. 若 A 为后视点,B 为前视点,当后视读数 $a = 1.126$m,前视读数 $b = 1.478$m,问 A、B 两点高差是多少? B 点比 A 点高还是低?已知 A 点高程为 151.238m,问 B 点高程又是多少?并绘图说明。

2. 水准测量时,一般要将水准仪安置在何处?为什么?

3. 用脚螺旋整平圆水准器和用微倾螺旋使管水准气泡居中,各有何目的?其中哪个更重要?

4. 如何检查"补偿器"是否起作用?

5. 用全站仪进行三角高程测量,在 A 点设站,量得仪器高为 1.543m,盘左观测 B 点棱镜中心时的天顶距为 78°23′14″(竖盘设置为垂直零,顺时针注记),测得仪器中心至棱镜中心的斜距 S 为 123.456m,量得 B 点棱镜中心至 B 点的比高为 2.200m,已知 A 点高程为 289.873m,求 B 点高程(不计球、气差)。

相关链接

1. (CJJ/T 8—2011)《城市测量规范》.

2. (GB 50026—2007)《工程测量规范》.

3. (GB/T 50228—2011)《工程测量基本术语标准》.

4. (GB/T 12898—2009)《国家三、四等水准测量规范》.

5. (CH/T 1021—2010)《高程控制测量成果质量检验技术规程》.

6. (DZ/T 0154—1995)《地面沉降水准测量规范》.

7. (GB/T 18314—2009)《全球定位系统(GPS)测量规范》.

8. (CH/T 2009—2010)《全球定位系统实时动态测量(RTK)技术规范》.

任务 2.2　角度测量

任务目标

　　角度测量是测量的基本工作之一，通过本任务的学习要求学生理解水平角、竖直角测量原理；熟悉电子经纬仪和电子全站仪的基本构造；明确电子经纬仪和电子全站仪的轴线及关系，初步掌握检验方法；掌握测回法测量水平角和竖直角的方法。

任务描述

　　角度测量的仪器主要是电子经纬仪和电子全站仪，本任务将学习水平角、竖角的定义及测量原理、电子经纬仪和电子全站仪的构造与基本操作、仪器的轴线及关系、仪器的检验方法、测回法测量水平角和竖角的观测记录与计算方法。

 知识准备

2.2.1　角度测量原理

　　角度测量是确定地面点位的基本测量工作之一，包括水平角测量和竖直角测量。水平角用于求算点的平面位置；竖直角用于测定高差或将倾斜距离化算为水平距离。

2.2.1.1　水平角测量原理

　　如图 2-34，设 A、B、C 是地面上不同高程的任意三个点，沿铅垂线投影在同一水平面 P 上分别为 A_1、B_1、C_1 点。水平面上的直线 B_1A_1 与直线 B_1C_1 之间的水平夹角 β 即为地面上 BA 与 BC 两方向之间的水平角，也是 BA 所在竖直面与 BC 所在竖直面之间的水平角。由此可见，由一点到两个目标的方向线垂直投影在水平面上所构成的角度 $\angle A_1B_1C_1$，称为水平角，用 β 表示，范围 $0° \sim 360°$。

　　为了测出水平角的大小，在 B 点上方水平安置一个有刻度的圆盘，称为水平度盘，水平度盘中心应位于 B 点铅垂线上；仪器还应有一个能在竖直面和水平面旋转的望远镜，使观测者通过望远镜分别瞄准高低不同的目标 A 和 C。设水平度盘为顺时针注记，瞄准目标 A 读数为 a，瞄准目标 C 读数为 c，则水平角 β 就等于右边目标读数 c 减去左边目标读数 a，即

$$\beta = c - a \tag{2-15}$$

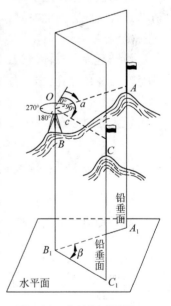

图 2-34　水平角测量原理

2.2.1.2　竖直角测量原理

　　在同一竖面内，视线与水平线的夹角称为竖直角，用 α 表示，其角直在 $0° \sim \pm 90°$。如图 2-35 所示，视线在水平线上方称为仰角，角值取 "＋" 号；视线在水平线下方称为俯角，角值取 "－" 号。

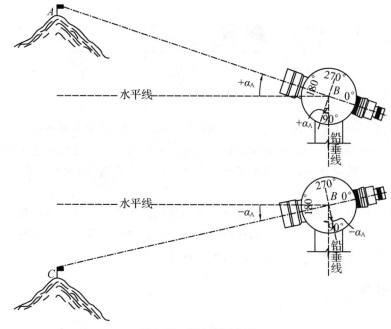

图 2-35 竖角测量原理

为了测出竖直角，仪器应在铅垂面内安置一个有刻度的圆盘，称为竖盘。设计仪器时，一般使视线水平时竖盘读数为 0° 或 90° 的整倍数（固定值），这样，测量竖角时，望远镜在竖直方向转动瞄准目标，读取竖盘读数，与视线水平时竖盘读数之差即为竖直角。

经纬仪就是满足上述条件的仪器，且可按盘左和盘右分别观测。所谓盘左，就是竖盘在望远镜视线方向的左侧，亦称正镜。反之，若竖盘在望远镜视线方向的右侧称为盘右，或称倒镜。

设竖盘为顺时针注记，盘左视线水平时竖盘读数为 90°，瞄准目标时竖盘读数为 L，则盘左时竖角计算公式为：

$$\alpha_{左} = 90° - L \qquad\qquad (2\text{-}16)$$

设盘右时竖盘读数为 270°，瞄准目标时竖盘读数为 R，则盘右时竖角计算公式为：

$$\alpha_{右} = R - 270° \qquad\qquad (2\text{-}17)$$

当视线水平时，若竖盘读数不是 90° 整倍数，则存在竖盘指标差，即

$$x = \frac{1}{2}(\alpha_{右} - \alpha_{左}) = \frac{1}{2}(L + R - 360°) \qquad\qquad (2\text{-}18)$$

取平均值可抵消竖盘指标差对竖角观测的影响，计算公式为：

$$\alpha = \frac{1}{2}(\alpha_{左} + \alpha_{右}) \qquad\qquad (2\text{-}19)$$

天顶距是在竖直面内，从天顶方向到视线方向的夹角，用 z 表示，范围为 0°~180°。天顶距与竖角的关系为：

$$z = 90° - \alpha \qquad\qquad (2\text{-}20)$$

2.2.2 角度测量的仪器

2.2.2.1 电子经纬仪

经纬仪据发展历史可分为游标经纬仪、光学经纬仪、电子经纬仪，其主要部件有基座、水平度盘和照准部。电子经纬仪是利用光电转换原理和微处理器自动测量度盘的读数并将测量结果输出到仪器显示窗显示，目前已广泛使用，本教材不再介绍前二者。

2.2.2.2 电子全站仪

全站仪是由控制系统、测角系统、测距系统、记录系统和通讯系统组成。控制系统是全站仪的核心，主要由微处理机、键盘、显示器、存储设备、控制模块和通讯接口等软硬件组成。测角系统由光栅度盘或绝对编码度盘代替了传统的光学测微器，大大提高了测角精度和效率。测距系统利用电磁波测距原理快速准确测量距离，免棱镜激光全站仪更是方便了建筑物变形监测、隧道测量、线路测量和放样等。记录系统是一种有特定软件的能存储资料的硬件设备。通讯系统可以在全站仪和计算机之间进行数据传输。最新生产的 Win 全站仪采用直观、人性化的 Windows 界面，实现了在全站仪上电脑化操作，并且可以根据自己的需要编写测量程序。

2.2.3 角度测量的误差分析及注意事项

角度测量的误差主要有仪器误差、对中与目标偏心误差、观测误差和外界环境影响。

2.2.3.1 仪器误差

仪器误差主要指仪器校正不完善而产生的误差。主要有视准轴误差、横轴误差、竖轴误差、竖盘指标差等。其中视准轴误差、横轴误差、竖盘指标差可采用盘左盘右取平均值予以消除。而竖轴误差，不能用盘左盘右的观测方法消除，测量水平角时若观测目标的高差较大，误差影响也越大，更应注意整平。

2.2.3.2 对中与目标偏心误差

若仪器对中不准确，致使水平度盘中心与测站中心不重合产生对中误差。误差的大小与边长成反比，所以当边长较短时，应认真对中，以减少对中误差的影响。

目标偏心误差是指照准点上所竖立点的目标（如标杆、测钎等）与地面点的标志中心不在同一铅垂线上所引起的水平方向观测误差。若观测水平角时，应尽量瞄准目标的底部，以减小目标偏心的影响。

2.2.3.3 瞄准误差

照准误差与望远镜的放大率，目标的大小、形状、颜色、亮度、背景的衬度，以及空气的透明度等有关。因此，在进行角度观测时，要尽量减少以上情况对观测成果的影响。

现在各单位均普遍使用电子经纬仪和全站仪，在显示屏上直接读数即可。

2.2.3.4 外界环境的影响

外界环境的影响主要是指松软的土壤和风力影响仪器的稳定；日晒和环境温度飞变化引起管水准器气泡的运动和视准轴变化；太阳照射地面产生热辐射引起仪器大气层密度变化，尤其当视线接近地面，带来目标影像的跳动，大气透明度低时目标成像不清晰，视线太靠近建筑物、构筑物等时引起旁折光，均严重影响找准目标的准确度，以上因素都会给角度观测带来误差。因此，应选择有利的观测时间，布设测量点时避开松软的土壤和建筑物、构筑物，视线要与障碍物保持一定的距离，晴天要用测伞给仪器遮阳，以使外界条件的影响降低到最小的程度。

 **任务实施**

一、认识电子经纬仪

1. 技能目标

①熟悉电子经纬仪的基本构造。

②明确各部件的功能。

2. 准备工作

（1）场地准备

理实一体教室。

（2）仪器和工具

每组：电子经纬仪（尽量保证2~3人1台套）。

3. 方法步骤

（1）电子经纬仪的基本构造

电子经纬仪包括照准部、水平度盘和基座三大部分，如图2-36为南方测绘ET-02电子经纬仪。

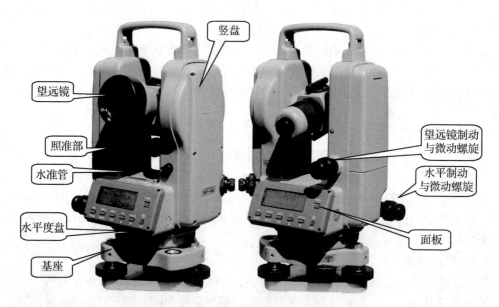

图2-36　南方ET-02电子经纬仪

①照准部　照准部包括水平轴、支架、望远镜、竖盘及电子读数设备。

②水平度盘　如图2-37所示，水平度盘为光栅度盘；还有一种是绝对编码度盘。测角时，当望远镜瞄准起始方向后，可将水平度盘读数置零。当望远镜瞄准第二个目标后，在显示窗可读取水平角。

③ 基座　基座上有3个脚螺旋，用来粗平仪器，基座侧面的竖轴锁紧螺旋必须拧紧，否则，将可能造成严重事故。利用基座的中心螺母和三脚架上的连接螺旋，将仪器与三脚架固定在一起。

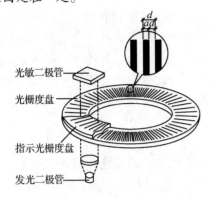

图 2-37　光栅度盘

图 2-38　电子经纬仪的操作键功能及信息显示符号

（2）电子经纬仪的操作键功能及信息显示符号（图 2-38）

[R/L]——右旋/左旋水平角切换键。

[HOLD]——水平度盘读数锁定键。双击此键，水平角锁定；再按一次则解除锁定。

[OSET]——水平角置零键。双击此键，水平角置零。

[V%]——竖直角和斜率百分比显示转换键。

[MODE]——测角、测距模式转换键。

[PWR]——电源开关。

[V]——竖盘读数。再按"V%"键显示斜率百分比。

[HR]——水平度盘读数。"HR"表示右旋（顺时针）水平角，切换为"HR"表示左旋（逆时针）水平角。

4. 注意事项

①仪器开箱后，先观察放置位置。松开制动螺旋，一手提起把手，一手拖住基座，将仪器放于桌面检查各部件是否完好，登记签字。

②在制动螺旋拧紧的情况下勿转动仪器。

③室外操作要给仪器遮阳。遇大风应保护好仪器，转入室内练习。

④仪器装箱时要关闭电源，松开制动螺旋，正确放置后再紧固望远镜制动螺旋。

5. 递交资料

①E-02 电子经纬仪各组成部件及功能。

②不同品牌的电子经纬仪的型号及性能。

二、电子经纬仪的基本操作

1. 技能目标

①掌握电子经纬仪的基本操作技能。

②熟悉各按键功能。

2. 准备工作

（1）场地准备

较安全的封闭实训场地。

（2）仪器和工具

每组：电子经纬仪2台套、配套测伞。

3. 方法步骤

经纬仪的基本操作分为安置（对中、整平）、瞄准和读数。对中的目的是使仪器竖轴位于过测站点的铅垂线上，对中的方式有垂球对中、光学对中和激光对中3种。整平的目的是使水平度盘和横轴处于水平位置，竖盘位于铅垂面内，整平分粗平和精平。粗平是通过伸缩三脚架腿或旋转脚螺旋使圆水准器气泡居中；精平是通过旋转脚螺旋使管水准器气泡居中，要求将管水准器轴分别旋至相互垂直的两个方向上气泡均居中，且其中一个方向与任意两个脚螺旋中心连线方向一致。

（1）安置

首先打开三脚架腿，调整好其长度使脚架高度适合于观测者的高度，张开三脚架，将其安置在测站上，使架头大致水平。从仪器箱中取出仪器（注意放置位置）放在三脚架上，使仪器基座中心基本对齐三脚架头的中心，略旋紧中心连接螺旋后，即可进行对中整平操作。

使用垂球对中与光学对中器对中、激光对点器的操作步骤是不同的，分别介绍如下。

①使用垂球对中法安置经纬仪　将垂球悬挂于连接螺旋下方的挂钩上，挂调整垂球长度使垂球尖略高于测站点。

粗对中和粗平：即平移三脚架，使垂球尖大致对中测站点标志（注意保持三脚架头基本水平），将三脚架的脚尖踩实。

精对中：稍微旋松连接螺旋，双手扶基座，在架头上移动仪器，使垂球尖准确对中测站标志点后，再旋紧连接螺旋。垂球对中的误差应小于3mm。

精平：旋转脚螺旋使圆水准器气泡居中；松开照准部水平制动钮，转动照准部，使照准部水准管与任意两个脚螺旋的连线平行，如图2-39（a），两手相对旋转这两个脚螺旋使水准管气泡居中（气泡移动方向与左手大拇指指向一致）；然后将照准部旋转90°，转动第三个脚螺旋使水准管气泡居中，如图2-39（b）。这样反复几次，直到水准管气泡在任何位置均居中为止。这样就说明仪器竖轴位于过测站点的铅垂线上。

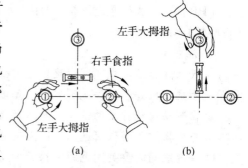

图2-39　精平方法

整平时水准管气泡偏离中心的误差不允许超过1格。

②使用光学对中法安置经纬仪　先旋转光学对中器的目镜调焦螺旋使对中标志分划板十分清晰，再旋转光学对中器的物镜调焦螺旋，看清地面。

粗对中：双手握紧三脚架，眼睛观察光学对中器，移动三脚架使对中测站点标志的中心（注意保持三脚架头基本水平），将三脚架的脚尖踩实。

精对中：旋转脚螺旋使对中标志对准测站点的中心。光学对中的误差应小于1mm。

粗平：伸缩三脚架腿，使圆水准器气泡居中。

精平：方法同垂球对中法中的精平。注意，此操作会略微破坏已完成的对中。

再次精对中：稍微旋松连接螺旋，眼睛观察光学对中器，双手扶基座平移（勿旋转），使光学对中器标志准确对准测站点标志，再旋紧连接螺旋。旋转照准部，在相互垂直的两个方向上检查管水准器气泡是否居中。若仍居中，说明安置完成，否则应从上述精平开始重复操作，直至满足条件。

③使用激光对中法安置经纬仪　与光学对中法不同之处是直接打开激光对中，可直接看到激光点，其余操作与使用光学对中法相同，且操作更方便快捷。

（2）瞄准与读数

测角瞄准的标志一般是地面上的标杆、测钎或觇牌的中心，要求在设置目标标志时使目标处于垂直状态。仪器对中整平后，开机并在盘左位置进行垂直角过零（望远镜通过水平方向）。显示屏若显示"b"，提示仪器的竖轴不竖直，应将仪器精确整平。瞄准目标前，先将望远镜对向天空或明亮处，调节目镜并消除视差使十字丝最清晰；然后依次松开照准部和望远镜的制动钮，用望远镜上方的瞄准器对向目标，进行物镜调焦，使成像清晰；再固定照准部和望远镜的制动钮，用相应的微动螺旋使十字丝精确对准目标。

测水平角时以竖丝精确切准目标中心或底部然后读取水平度盘（HR/HL）读数，测竖直角时用中横丝精确切准目标点，然后读取竖盘读数（V）。松开照准部制动钮，拧紧望远镜制动钮，转动照准部，观察读数变化情况；拧紧照准部制动钮，松开望远镜制动钮，转动望远镜，观察读数变化情况。

（3）按键操作

切换各按键并转动望远镜或照准部，观察读数变化规律。

4. 注意事项

参看本任务实施一。

5. 递交资料

①电子经纬仪的安置、瞄准步骤。

②电子经纬仪各按键功能。

③操作体会。

三、认识全站仪

1. 技能目标

①熟悉全站仪的基本构造。

②明确各部件的功能。

2. 准备工作

（1）场地准备

理实一体教室。

（2）仪器和工具

每组：电子全站仪2台套。

3. 方法步骤

（1）电子全站仪的基本构造

全站仪包括照准部、水平度盘和基座三大部分。照准部比电子经纬仪增加的是控制系统、测距系统、记录系统和通讯系统。图2-40是我国南方测绘仪器公司生产的NTS-350R全站仪。图中标注为与电子经纬仪不同处，各螺旋操作用相同。

图 2-40　南方 NTS-350R 全站仪

（2）全站仪的操作键及显示屏

NTS-350 型全站仪操作键及显示屏如图2-41所示，其键盘由23个按键组成，包括电源开关1个、退出键1个、星键1个、软键4个、角度测量键1个、距离测量键1个、坐标测量键1个、菜单键1个、数字键盘区12个（含数字、字母、小数点、"–"号、"#"号、"$"号的输入功能），各按键功能见表2-1。

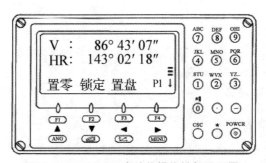

图 2-41　NTS-350 全站仪操作键与显示屏

表 2-1　NTS-350 键盘功能表

按键	名称	功能
ANG	角度测量键	进入角度测量模式（π 上移键）
◢	距离测量键	进入距离测量模式（θ 下移键）
⦼	坐标测量键	进入坐标测量模式（τ 左移键）
MENU	菜单键	进入菜单模式（υ 右移键）
F1 ~ F4	软键（功能键）	对应于显示的软键信息
POWER	电源开关键	电源开关
ESC	退出键	返回上一级状态或返回测量模式
★	星键	进入星键模式
⓪-⑨、⊖、⊙	数字键	输入数字和字母、小数点、负号、符号

NTS-350全站仪显示屏采用液晶显示，可显示4行，通常前三行显示测量数据，第四行显示相应软键的功能，若在第四行第四列出现P1、P2、P3，说明当前测量状态或模式下，屏幕有多页，可按F4键翻页。各显示符号内容对照见表2-2。

表2-2 显示符号表

显示符号	内容	显示符号	内容
V%	垂直角(坡度显示)	N	北向坐标
HR	水平角(右角)	E	东向坐标
HL	水平角(左角)	Z	高程
HD	水平距离	*	EDM(电子测距)正在进行
VD	高差	m/ft/fi	以米/英尺/英寸为单位
SD	斜距	S/A	进行温度、气压、棱镜常数等设置

（3）全站仪的辅助测量工具

全站仪的辅助测量工具主要有三角基座、棱镜组和对中杆组。

①棱镜组 全站仪的棱镜组一般有单棱镜组和三棱镜组两种，如图2-42(a)(b)所示，棱镜组由棱镜、光学对中器、圆水准器、管水准器、基座和砧标组成，是全站仪测量中的目标标志工具，要求进行对中、整平操作。

②对中杆组 如图2-42(c)所示，全站仪的对中杆组由对中杆、圆水准器和支架组成。对中杆有高度刻度，上可套接棱镜和砧标，可上下升降；支架由两脚架和中间锁杆构成，两脚架间夹角可任意调整；调整支架上的两脚架可使对中杆组上的圆水准器气泡居中，确保对中杆垂直。若精度许可，也可不用支架直接在对中杆上套接棱镜和砧标，以提高效率。

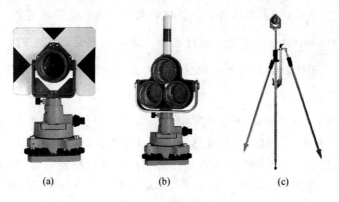

（a） （b） （c）

图2-42 测量工具

4. 注意事项

参看本任务实施一。

5. 递交资料

①电子全站仪各组成部件及功能。

②绘制表格，统计不同品牌、不同型号的电子全站仪，可附电子版图片。

四、全站仪的基本操作

1. 技能目标

①掌握全站仪的基本操作技能。

②熟悉角度测量按键功能。

2. 准备工作

（1）场地准备

实训场地布设的控制点（已打测钉）。

（2）仪器和工具

每组：电子全站仪 2 台套，配套测伞。

3. 方法步骤

（1）安置与瞄准

操作步骤电子经纬仪相同。按 POWER 键开机，纵转望远镜使垂直角过零，即进入默认开机模式（为省电一般将开机模式设置为角度测量模式），若显示"X 补偿超限"说明仪器竖轴倾斜超出补偿范围，应精确整平。

轮流练习安置于瞄准，要求独立操作，组内评比速度与质量。

（2）参数设置

全站仪测量前，应检查各参数的设置，根据需要可进行重新输入。方法有如下几种：

①按 F4 + POWER 键开机设置　NTS 全站仪基本设置有单位设置、模式设置及其他设置 3 类。单位设置中有角度（度/哥恩/密位）、距离（米/英尺/英寸）、温度（℃/℉）、气压（hPa /mmHg/inHg）；模式设置中有开机模式测角/测距、精测/跟踪、平距和高差/斜距、垂直零/水平零、N 次/重复测量、测量次数、关测距时间、使用或不使用格网因子、坐标显示顺序（N/E/Z 或 E/N/Z）；其他设置有水平角蜂鸣声（开/关）、测距蜂鸣（开/关）、两差改正（ 0.14/0.20/关）。按住 F4 + POWER 键开机，可进行上述基本设置，设置完成后按 F4 键（确认）可永久保存，即关机后至下次重新设置前不变。

②按 F1 + POWER 键开机设置　通过检验可求得仪器常数，按 F1 + POWER 键开机后再按 F2 键可对仪器常数进行设置。仪器常数在出厂时经严格测定并设置好（K = 0），一般不要作此项设置。

③开机后直接设置　开机后不纵转望远镜，可通过 F1 或 F2 键进行对比度调节。

④星键模式下设置　开机后纵转望远镜或在测量过程中，按★键，进入星键模式，如图 2-43 所示。按表 2-3 操作可调节对比度、照明、倾斜、棱镜常数（PSM）、大气改正值（PPM）、温度（T）和气压（P）设置，并且可以查看回光信号的强弱，如图 2-44 所示。

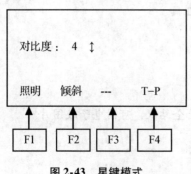

图 2-43　星键模式

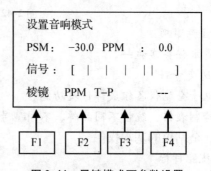

图 2-44　星键模式下参数设置

表 2-3　角度测量模式各按键和显示符号功能表

按键	显示符号	功能
π 或 θ		调节对比度
F1	照明	按 F1 或 F2 键选择开关背景灯
F2	倾斜	按 F1 或 F2 键选择开关倾斜改正
F4	S/A	对棱镜常数、大气改正值、温度、气压进行设置

各厂家的棱镜常数不一定相同，使用时应先确认所使用棱镜的棱镜，然后在仪器上进行设置。如 NTS 系列全站仪标准气象条件(即大气改正值为 0 时的气象条件)气压为 1 013 kPa，温度为 20℃。星键模式下参数设置完成后，按 ESC 键可退出设置进入正常测量模式。

⑤菜单下设置　按 MENU 键进入"菜单"，通过按 F4 键(翻页)，可设置最小读数、自动关机、自动补偿、照明，可调节对比度。

(3)数字、字符输入

数字键盘区共 12 个按键，可输入数字 0~9、字母 A~V、小数点、"－"号、"#"号、"$"号，需要在数字与字母间切换时，可按 F3 键，当菜单中显示"数字"时即可输入数字，当菜单中显示"字母"时即可输入字母。

①数字输入　如欲将水平角设置为 78°35′29″，可按图 2-44 所示步骤操作，即按 ANG 键进入角度测量模式，如图 2-45(a)所示，按 F3 键(置盘)，显示如图 2-45(b)；按 F1 键(输入)，输入"78. 3529"，按 F4 键(回车)，显示如图 2-45(c)，设置完成。

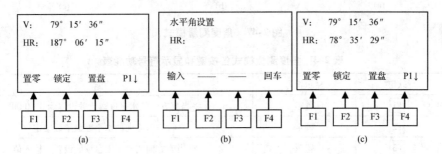

图 2-45　水平角设置屏显图

②字符输入　如在进行数据采集时，建立文件名为"YL－01"的文件，可按图 2-49 所示步骤操作，即按 MENU 键进入"菜单"模式，显示如图 2-46(a)；按 F1 键(数据采集)，显示如图 2-46(b)；按 F1 键(输入)，输入文件名"YL－01"，按 F4 键(回车)，显示如图 2-46(c)。下一步可进行测站点、后视点设置等操作。

在输入文件名时，若需输入"YL"，则循环按 F3 键，待出现"字母"时，快速连续按数字"3"两次，光标处变为"Y"；按 υ，光标后移，快速连续按数字"4"三次，光标处变为"L"。若要输入数字，按 F3，待出现"数字"时，可按相应数字键；若要修改字符，可以按 τ 或 υ，将光标移到待修改的字符上，重新输入。若要撤销输入，可按 F1 键(回退)。

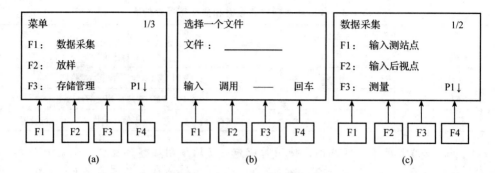

图 2-46　数据采集屏显图

（4）全站仪角度测量模式下按键与功能

仪器的出厂设置为开机自动进入角度测量模式，若开机后是其他模式，按 ANG 键进入角度测量模式。角度测量模式有 3 页，如图 2-47 所示，通过按 F4 键可切换显示各页面，各按键和显示符号的功能见表 2-4。

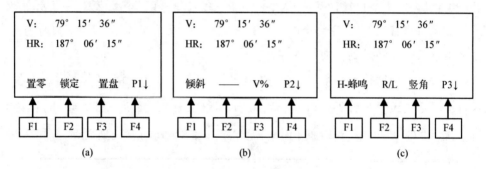

图 2-47　角度测量模式

表 2-4　角度测量模式各按键和显示符号功能表

页数	软键	显示符号	功能
第一页 （P1）	F1	置零	将当前方向的水平度盘读数设置为 0°00′00″
	F2	锁定	将当前方向的水平度盘读数锁定
	F3	置盘	将当前方向的水平度盘读数设置为输入值
	F4	P1↓	显示第二页软键功能
第二页 （P2）	F1	倾斜	设置倾斜改正开或关，若选择开则显示倾斜改正的角度值
	F2	—	
	F3	V%	竖盘读数以角度值显示或坡度百分比显示的转换
	F4	P2↓	显示第三页软键功能
第三页 （P3）	F1	蜂鸣	水平度盘读数为 0°、90°、180°、270°时是否蜂鸣
	F2	R/L	水平度盘读数以右/左方向计数的转换
	F3	竖角	垂直角显示为高度角与天顶距的转换
	F4	P3↓	显示第一页软键功能

4. 注意事项

参看本任务实施一。

5. 递交资料

①电子全站仪的操作步骤。

②操作体会。

五、电子经纬仪、全站仪的轴线关系及检校

1. 技能目标

①明确电子全站仪和全站仪的轴线及关系。

②掌握电子全站仪和全站仪的检验方法，理解校正方法。

2. 准备工作

（1）场地准备

坚实地面且周围 30m 左右有较高建筑，在建筑物较高处设标志点。

（2）仪器和工具

每组：电子经纬仪 1 台套、全站仪 1 台套。

3. 方法步骤

（1）电子经纬仪、全站仪的轴线及关系

电子经纬仪的主要轴线有竖轴（VV）、照准部水准管轴（LL）、横轴（HH）、视准轴（CC），如图 2-48 所示。全站仪较电子经纬仪多的是测距反射光轴和测距接收光轴，且二者与视准轴同轴。

仪器应满足的条件有：

①照准部水准管轴垂直与仪器的竖轴（$LL \perp VV$）；

②十字丝竖丝垂直于横轴（竖丝 $\perp HH$）；

③视准轴垂直于横轴（$CC \perp HH$）；

④横轴垂直于竖轴（$HH \perp VV$）；

⑤竖盘指标零点自动补偿正常；

⑥竖盘指标差 x 应为零；

⑦光学对中器的视准轴与仪器竖轴重合。

经纬仪轴线之间的正确关系往往在使用期间及搬运过程中发生变动。所以在使用之前要经过检验，必要时需加以校正，使之满足要求。

在地籍测量、工程施工、房产测量等测量前，需由专业的鉴定机构对仪器工具进行鉴定，并出具鉴定合格报告。

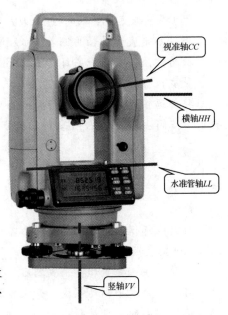

图 2-48　电子水准仪

（2）照准部水准管轴垂直于仪器竖轴的检验和校正（$LL \perp VV$）

① 检验　将仪器大致整平，转动照准部使水准管平行于一对脚螺旋的连线，调节脚螺旋使水准管气泡居中。转动照准部 180°，此时如气泡仍然居中则说明条件满足，如果偏离量偏移 1 格，应进行校正。

② 校正　用拔针拨动管水准器一端的校正螺丝的高度，使气泡退回偏离量的一半，另一半通过旋转与水准管轴平行的一对脚螺旋完成。

此项检验校正需反复进行，直到照准部转至任何位置，气泡中心偏离零点均不超过1格为止。

(3)十字丝竖丝垂直于仪器横轴的检验和校正

①检验 用十字丝交点精确瞄准远处一目标点，固定照准部和望远镜的制动螺旋；转动望远镜微动螺旋，若该点沿十字丝竖丝移动，则十字丝不倾斜，不必校正。若该点偏离竖丝，需对分划板进行校正。

②校正 方法与水准仪十字丝横丝校正相同。

(4)视准轴垂直于横轴的检验($CC \perp HH$)

视准轴不垂直于横轴时，其偏离垂直位置的角值 C 称为视准轴误差或照准差。

检验方法：在距离仪器同高的远处设置目标点 A，精确整平仪器并打开电源；盘左位置望远镜照准目标点 A，读取水平度盘读数 $a_左$；松开垂直制动螺旋旋转望远镜成盘右位置，松开水平制动螺旋旋转照准部再次照准目标点 A(照准前应旋紧水平及垂直制动螺旋)，读取水平度盘读数 $a_右$；计算 $2C$ 值，即：

$$2C = a_左 - (a_右 \pm 180°) \tag{2-21}$$

若超限($2C \geq 20''$)，说明视准轴不垂直于横轴，需校正。本项内容只作为练习，如需校正，应交专业人员处理。

(5)横轴垂直于竖轴的检验($HH \perp VV$)

横轴不垂直于竖轴的偏差 i 称为横轴误差。

检验方法：在距一高目标 P 约30m 处安置仪器，目标下方与仪器大致同高横放一直尺，量取仪器至 P 点的水平距离 D；整平仪器后，盘左瞄准高处 P 点，读取竖盘读数 L，然后将望远镜放平，由十字丝交点在水平尺上定出一点 P_1；盘右再瞄准 P 点，读取竖盘读数 R，同法定出 P_2 点；若 P_1、P_2 点重合，表明条件满足。否则按下式计算横轴误差：

$$i = \frac{\overline{P_1 P_2}}{2D} \cot \alpha \rho'' \tag{2-22}$$

式中 α——按竖盘读数 L、R 计算出的一测回平均竖直角。若超限($i \geq 20''$)，应由专业人员维修。

目前经纬仪已取消了偏心环，靠精加工来保证其竖轴与横轴的垂直度。

(6)竖盘指标零点自动补偿

检验方法：安置和整平仪器后，使望远镜的指向和仪器中心与任一脚螺旋(X)的连线相一致，旋紧水平制动螺旋；开机后指示竖盘指标归零，旋紧垂直制动螺旋，仪器显示当前望远镜指向的竖盘读数；朝一个方向慢慢转动脚螺旋(X)，到10mm(圆周距)左右时，显示的竖盘读数由相应随着变化到消失(电子经纬仪显示"b"，全站仪显示"X 补偿超限")，表示仪器竖轴倾斜已大于3'，超出竖盘补偿器的设计范围。当反向旋转脚螺旋复原时，仪器又复现竖盘读数，表示竖盘补偿器工作正常。

当发现仪器补偿失灵或异常时，应送专业机构修理。

(7)竖盘指标差(i 角)和竖盘指标零点设置

在完成(2)和(4)的检校项目后再检验本项目，不得颠倒顺序。

①检验 安置和整平仪器后，盘左望远镜照准远处与仪器同高一清晰稳定目标 A 点，得竖盘读数 L；旋转望远镜成盘右位置，再次照准 A 点，得竖盘读数 R；若竖盘设置为天

顶零，则竖盘指标差 $i = (L + R - 360°)/2$ ；若 $|i| \geq 10''$ ，则需对竖盘指标零点重新设置。

②校正(竖盘指标零点设置)　首先，整平仪器后，按住 V% 键开机，三声蜂鸣后松开按键，显示： V OSET SET—1 。然后盘左水平方向附近上下转动望远镜，待上行显示出竖盘读数后，转动仪器精确照准目标 A 点，按 V% 键，显示： V 90°20′30″ SET—1 。再旋转望远镜，盘右精确照准目标 A 点，按 V% 键，设置完成，仪器返回测角模式。

重复检验步骤重新测定指标差。若指标差仍不符合要求，则应检查上述校正的 3 步操作是否有误，目标照准是否正确等，按要求再重新进行设置。反复操作仍不符合要求时，应送厂检修。

(8)光学对中器

将仪器安置到三脚架上，在一张白纸上画一个十字交叉放在仪器正下方的地面上；调整好光学对中器的焦距后，移动白纸使十字交叉位于视场中心；移动脚螺旋，使对中器的中心标志与十字交叉点重合；旋转照准部，每转90°，高差观察光学对中点的中心标志与十字交叉点的重合度。如果照准部旋转时，光学对中点的中心标志一直与十字交叉点重合，则不必校正。否则应由专业人员处理。

上述各检验项目应根据实际情况合理安排时间练习。

4. 注意事项

①检验校正必须按顺序进行，不能颠倒。

②学生只练习检验，勿校正操作。

5. 记录格式

班级_____组号_____组长(签名)_____仪器_____编号_____

成像_____测量时间：自____:____测至____:____日期：_____年_____月_____日

1. 仪器视检	三脚架是否平稳				基座脚螺旋		
	水平制动与微动螺旋				望远镜成像		
	望远镜制动与微动螺旋				其他		

2. 管水准器轴垂直于竖轴	检验次数	1	2	3	4	5
	气泡偏离格数					

3. 十字丝竖丝垂直于横轴	检验次数	误差是否显著
	1	
	2	

4. 视准轴垂直于横轴	检验次数	盘左水平度盘读数 $a_左$	盘右水平度盘读数 $a_右$	2 倍照准差
	1			
	2			

5. 横轴垂直于竖轴	检验次数	水平距离 $D(\mathrm{mm})$	$\overline{P_1 P_2}$ (mm)	竖直角 α (° ′ ″)	横轴误差 i''
	1				
	2				

（续）

	检验次数	竖盘补偿器工作是否正常		
6. 竖盘指标零点自动补偿	1			
	2			
	检验次数	盘左竖盘读数 L	盘右竖盘读数 R	竖盘指标差（i 角）
7. 竖盘指标差（i 角）	1			
	2			

6. 递交资料

①检验步骤。

②检验记录表。

六、角度测量

1. 技能目标

①掌握水平角（测回法）的观测、记录、计算方法。

②掌握竖直角的观测、记录、计算方法。

2. 准备工作

（1）场地准备

实训基地应有斜坡地段可供观测竖角。

（2）仪器和工具

每组：电子经纬仪 1 台套、全站仪 1 台套、标杆 2 根、测钎 2 根、配套测伞。

3. 方法步骤

（1）水平角测量（测回法）

测回法是测角的基本方法，用于测定两个目标方向之间的水平角。如图 2-49 所示，设测站点为 B 点，观测目标为 A、C，欲测水平角 β。

图 2-49 测回法观测水平角

分组观测各图根点的水平角，完成图根控制测量的水平角观测任务，以备地形图测绘实习用。

①在 B 点安置电子经纬仪（或全站仪），对中整平。要求对中误差 <3mm，整平误差在 1 格以内。

②开机后先在盘左位置进行垂直角过零，水平角设置为右旋（HR）测量方式，竖角设置为天顶零。

③望远镜照准左目标 A，水平度盘置零，并记录 $a_{左}$。

④顺时针转动照准部，照准右目标 C，读取 C 方向的水平度盘读数 $c_{左}$。$(c_{左}-a_{左})$ 即为上半测回水平角。

⑤倒转望远镜成盘右位置，照准右目标 C，读取 C 方向的水平度盘读数 $c_{右}$，逆时针转动照准部，照准左目标 A，读取 A 方向的水平度盘读数 $a_{右}$。$(c_{右}-a_{右})$ 即为下半测回水平角。

⑥计算检核。计算上、下半测回水平角之差，若小于限差 $\pm40''$，则取上、下半测回水平角的平均值作为一测回的角度值。

图根控制测量的测角中误差为 $\pm20''$，取中误差的两倍作为限差，即 $\pm40''$。

同法可以进行第二测回的观测。

（2）竖直角测量

选一段有坡度的地段，如图 2-50 所示，坡下坡上各选一点 A、B 立标杆，半坡选一点 P 设测站点。观测 PA、PB 的坡度。

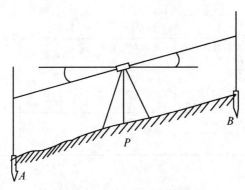

图 2-50　测回法观测水平角

①在 P 点安置电子经纬仪（或全站仪），对中整平。点 A、B 分别立标杆，并在标杆上与仪器同高处做标记。

②开机后先在盘左位置进行垂直角过零，竖盘设置为天顶零，确定竖角公式。具体参见式（2-16）至式（2-19）。

③盘左照准标杆 A 的标记，读竖盘读数 L；纵转望远镜成盘右，照准标杆 A 的标记，读盘右竖盘读数 R。

④同法观测 B 目标。

⑤计算 PA、PB 方向的坡度。

按式（2-16）和式（2-17）分别计算盘左、盘右时的竖角；

按式（2-18）计算竖盘指标差 x；

若 x 不超 $\pm25''$，按式（2-19）计算竖角的平均值。

4. 注意事项

①仪器安置高度要合适，脚架要踩实。在半坡上安置仪器时，要一个脚架在坡上，两个脚架在坡下。人不可离开仪器。

②观测时手不得触摸三角架和基座，走动是要防止碰动脚架。

③观测结束后应立即进行手簿计算，确认误差不超限，方可进行下一项观测或收站，以免造成不必要的返工重测。

5. 记录格式

记录格式见附表1和附表2。

附表1　测回法测量水平角

班级_____组号_____组长(签名)_____仪器_____编号_____

成像_____测量时间：自____:____测至____:____日期：____年____月____日

测站	目标	竖盘位置	水平度盘读数（°′″）	半测回角值（°′″）	一测回平均角值（°′″）	备注
		左				
		右				

附表2　竖直角测量

班级_____组号_____组长(签名)_____仪器_____编号_____

成像_____测量时间：自____:____测至____:____日期：____年____月____日

测站	目标	竖盘位置	竖盘读数（°′″）	半测回竖直角（°′″）	指标差 x	一测回竖直角（°′″）	备注
P	A	左					
		右					
	B	左					
		右					

6. 递交资料

①操作步骤。

②角度测量记录表。

 拓展知识

1. 南方测绘、拓普康、徕卡等品牌电子经纬仪的种类及性能对比。

2. 南方测绘、拓普康、徕卡等品牌电子全站仪的种类及性能对比。

 巩固训练项目

1. 电子经纬仪快速安置及测角。

2. 电子全站仪快速安置及测角。

 思考与练习

1. 水平角 β：从一点到两目标点的方向线_____投影在_____所成的夹角，范围为_____。

2. 竖角 α：在同一竖直面内，_____与水平线的夹角，范围_____。

天顶距 Z：在同一竖直面内，从_____到倾斜视线之间的夹角，范围_____。

竖角与天顶距的关系为：_____。

3. 电子水准仪、电子全站仪的构造：_____。

4.（1）照准部制动、微动螺旋→控制照准部在_____方向转动；（2）望远镜制动、微动螺旋→控制望远镜在_____方向转动；（3）微动螺旋是在_____时起作用。

5. 经纬仪基本操作：_____→_____→_____→_____。

6. 经纬仪的主要轴线：_____、_____、_____、_____和_____。

电子全站仪较上述轴线多出_____和_____。

轴线间应满足的几何条件有哪些？

7. 在测角时盘左、盘右分别观测取平均值，可抵消_____、_____、_____和_____引起的误差。而_____与_____不垂直的误差不能用此法抵消，需注意_____。

8. 较好的观测条件和时间是_____、_____、_____、_____。

相关链接

1.（CJJ/T 8—2011）《城市测量规范》.

2.（GB 50026—2007）《工程测量规范》.

3.（JJG 100—2003）《全站型电子速测仪检定规程》.

任务 2.3　距离测量

任务目标

距离测量是测量的基本工作之一，通过本任务的学习要求学生掌握距离丈量及精度评定的方法；掌握视线水平时视距测量的方法；掌握全站仪及手持测距仪测量距离的方法；掌握手持数据采集器采集点的坐标并查询距离的方法。

任务描述

选择一段约 70~80m 的较平坦地段，学习平坦地面上用全站仪、视距法和丈量法分别测量水平距离的方法，每种方法观测两次，若误差不超限取平均值。

选择一段约 40m 的坡地，坡下定一点 A，坡上定一点 B，学习倾斜地面上用全站仪、斜量法和平量法分别测量 AB 的平距、斜距、高差及坡度的方法；每种方法观测两次，若误差不超限取平均值。

练习用手持测距仪测量教室的长、宽、高。练习用手持数据采集器采集点的坐标并查询直线距离。

知识准备

距离测量是确定地面点位的基本工作之一。距离测量的方法有钢尺丈量、视距测量、电磁波测距和 GPS 测量。视距测量是利用经纬仪或水准仪按几何光学原理进行测距；电磁波测距是用仪器发射并接收电磁波，通过测量电磁波在待测距离上往返传播所用时间解算出距离；GPS 测量是利用 2 台 GPS 接收机接收空间轨道上 4 颗卫星发射的精密测距信号，通过距离空间交会的方法解算出 2 台 GPS 接收机之间的距离；当测距精度要求不高时，可用手持数据采集器依次采集地面点的坐标，再在采集器上查询点间距离。根据生产需要，重点训练钢尺丈量和电磁波测距。视距测量和手持采集器测距只要求基本掌握。

2.3.1　距离丈量

2.3.1.1　丈量方法

距离丈量是使用钢尺或皮尺沿地面直接丈量距离。根据地面坡度情况不同，丈量方法也不同。对于平坦地面，一般采用整尺法边定线边丈量；对于倾斜地面采用平量法或斜量法。

2.3.1.2　直线定线

当地面距离超过整尺长或地势起伏较大时，需要在待测直线方向上标定一些节点，使相邻点间的距离不超过所用尺子的长度，以便分段丈量，这项工作称为直线定线。其方法有目测定线和经纬仪定线。

2.3.1.3　钢尺量距的误差分析及注意事项

（1）尺长误差

钢尺的名义长度与标准尺长度之差称为尺长误差。尺长误差具有累积性，使用前须经过鉴定，测出尺长改正值。

（2）钢尺倾斜和垂曲误差

在高低不平的地面上采用水平法量距时，钢尺不水平或中间下垂而成曲线，将使丈量的长度大于实际长度。因此，丈量时应注意使钢尺水平，中间悬空时，应有人托住钢尺，以减小垂曲误差。

（3）定线误差

分段丈量时，钢尺偏离直线方向，使量距成一组折线，造成丈量结果偏大，这种误差称为定线误差。因此，丈量时应注意检查是否偏离方向。

（4）拉力误差

钢尺拉力变化在 ±2.6kg 时，尺长误差为 ±1mm。因此，丈量时拉力应与鉴定时基本相同，每一尺段用力要均匀。

（5）丈量误差

丈量时地面上标志尺端点位置的测钎插不准，两尺手配合不好，余长读数不准等都会引起丈量误差，这种误差对结果的影响正负不定、大小不定。所以在丈量时要尽量对点准确，配合协调，读数认真。

另外，钢尺在使用时不能扭曲，防止碾压；使用中禁止在地面上拖拉钢尺，保证尺面不受磨损；丈量时注意把钢尺拉平、拉直。

2.3.2　视距测量原理

视距测量是利用望远镜内视距丝配合视距尺，根据几何光学和三角学原理，测定两点间的水平距离和高差。此法速度快、不受地形起伏限制，但精度较低，测距时相对误差约为 1/300，测定高差的精度低于水准测量。由于全站仪已普遍使用，因此，视距测量只作为知识点加以理解，并练习视线水平时观测方法，初步掌握即可。

2.3.2.1　视线水平时的视距测量原理

如图 2-51 所示，欲测定 A、B 两点水平距离 D 及高差 h。在 A 点安置仪器，使望远镜视准轴水平，照准 B 点竖立的视距尺，此时视线与视距尺垂直。

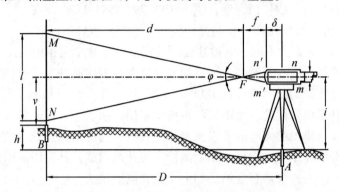

图 2-51　视线水平时视距测量原理

图 2-51 中，p 为望远镜上下视距丝间隔，l 为上、下视距丝的读数之差称尺间隔，f 为物镜焦距，δ 为物镜中心至仪器中心的距离，依图可得 AB 水平距离为

$$D = d + f + \delta = \frac{f}{p}l + f + \delta \tag{2-23}$$

令 $K = \dfrac{f}{p}$，$C = f + \delta$，则

$$D = K \cdot l + C \tag{2-24}$$

式中　K 为视距乘常数，C 为视距加常数。设计仪器时，通常使 $K = 100$，内对光望远镜 C 接近于零。因此，视准轴水平时视距测量计算公式为：

$$D = K \cdot l = 100l \tag{2-25}$$

由图 2-51 可知，仪器高为 i，十字丝中丝在尺上的度数为 v，则 A、B 间的高差为：

$$h = i - v \tag{2-26}$$

2.3.2.2　视线倾斜时的视距测量公式

在地形起伏较大的地区视距测量时，视线是倾斜的，设竖直角为 α，视线倾斜时水平距离和高差公式分别为：

$$D = K \cdot l \cos^2 \alpha \tag{2-27}$$

$$h = D\tan\alpha + i - v \tag{2-28}$$

2.3.3　电磁波测距基本原理

电磁波测距（简称 EDM）是用电磁波作为载波传输测距信号，以测量两点间距离的一种方法。按载波可分为微波测距、激光测距和红外测距，具有测程远、精度高、受地形限制小以及作业效率高等优点，其测距精度可达 1/10 000 ~ 1/1 000 000。

电磁波测距的基本原理时通过测定电磁波束在待测距离 D 上往返传播一次所需要的时

间，依式(2-29)来计算待测距离 D ：

$$D = \frac{1}{2}C \cdot t_{2D} \tag{2-29}$$

式中　　C——光在大气中的传播速度，$C = \dfrac{C_0}{n}$ ；

C_0——光在真空中的传播速度，$C_0 = (299\ 792\ 458 \pm 1.2)\,\mathrm{m/s}$ ；

n——大气折光系数 $(n \geqslant 1)$ ，与光的波长、大气温度计气压有关。

根据测定时间 t 的方法不同，电磁波测距的仪器分为脉冲式和相位式两种。

脉冲式测距仪是将发射光波的光强调制成一定频率的尖脉冲，通过测量发射的尖脉冲在待测距离上往返传播的时间来计算出距离。测程可达几千米至几十千米，但精度相对较低，一般只能达到米级。因此，短距离测距均不采用此法。

相位式测距仪是将发射光波的光强调制成正弦波，通过测量正弦光波在待测距离上往返传播的相位移来解算距离。相位式测距离精度可达毫米级，其应用范围更广。

目前电磁波测距主要仪器有全站仪和手持激光测距仪。

全站仪测距需要首先在测线的两端分别安置全站仪和反射棱镜(图2-42)，设置仪器参数，望远镜十字丝交点尽量瞄准棱镜中心，检查反射棱镜反射的光强信号，合乎要求后按测距功能键，即可测得水平距离、高差、斜距及竖直角。具体操作方法在任务实施中详细介绍。

手持激光测距仪是一种便携式电磁波测距仪，它使用简便，体积小，质量轻，便于携带，一般利用激光进行测量，只要按一个键就可以方便快捷地测量长度、面积、体积，并以数字显示，测量范围 $0 \sim 300\mathrm{m}$ ，精度可达毫米级。

2.3.4　手持数据采集器测距

使用手持数据采集器也可测量距离。先在卫星信号条件满足时设置参数，然后依次在待测距离端点采集坐标数据，再查询两点距离即可。此方法测得距离精度达亚米级，不可用于工程施工测量。

 **任务实施**

一、测距仪器工具的认识

1. 技能目标

①区分端点尺和刻线尺。

②熟悉标杆、测钎、垂球等量距辅助工具。

③熟悉手持激光测距仪的按键与功能。

④练习利用上、下视距丝读数。

⑤熟悉全站仪测量距离的按键与功能。

2. 准备工作

(1)场地准备

理实一体实训室。

（2）仪器和工具

每组：钢尺 1 卷、测钎 6 根、标杆 3 根、全站仪 1 台套、单棱镜配对中杆 1 根、水准尺 1 根、手持激光测距仪 1 台。

3. 方法步骤

（1）认识丈量工具

①钢尺　现在生产中质量较好的是包尼龙尺带钢卷尺（图 2-52），具有防水防锈功能，长度有 30m 和 50m 之分，一般整个尺长内都刻有毫米分划。钢尺有端点尺和刻线尺两类（图 2-53），使用时必须注意零点位置。钢尺优点是抗拉强度高，不易拉伸，所以量距精度较高。

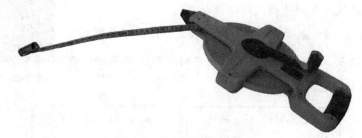

图 2-52　包尼龙尺带钢卷尺

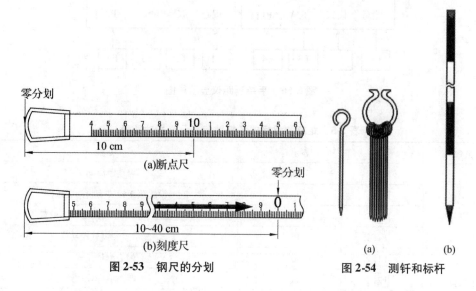

图 2-53　钢尺的分划

图 2-54　测钎和标杆

②皮尺　皮尺有玻璃纤维卷尺、布纤维卷尺，长度有 20m、30m 和 50m 之分。皮尺耐拉力较差，只用在精度较低的量距的工作中。

③其他辅助工具　标杆、测钎、垂球等是量距的辅助工具。

标杆多用木料或铝合金制成，直经约 3cm、全长有 2m、3m 等几种规格，如图 2-54（b）所示。杆上油漆成红、白相间的 20cm 色段，非常醒目，测杆下端装有尖头铁脚，便于插入地面，作为照准标志。

测钎一般用钢筋制成，上部弯成小圆环，下部磨尖，直径 3～6mm，长度 30～40cm，如图 2-54（a）所示。钎上可用油漆涂成红、白相间的色段。通常 6 根或 11 根系成一组。量距时，将测钎插入地面，用以标定尺端点的位置，亦可作为近处目标的瞄准标志。

垂球用于在不平坦地面丈量时将钢尺的端点垂直投影到地面上。

（2）熟悉手持激光测距仪的按键与功能

图 2-55 为喜利得 PD4 式手持激光测距仪，测量范围 0.2～70m，精度 ±1mm，具有防雨、防尘、防静电等优点。具体操作方法在任务实施中详细介绍。

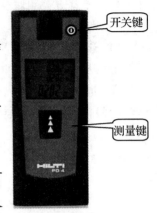

开关键

测量键

图 2-55　手持测距仪

（3）练习利用上、下视距丝读数

安置全站仪，望远镜视线大致水平瞄准水准尺，利用上、下视距丝练习读数，按公式计算水平距离，用钢尺丈量进行比较。

（4）熟悉全站仪距离测量模式的按键与功能

①按键与功能　按 ◢ 键进入距离测量模式，距离测量模式有 2 页菜单，如图 2-56 所示，通过按 F4 键可切换显示各页面。各按键和显示符号的功能见表 2-5。

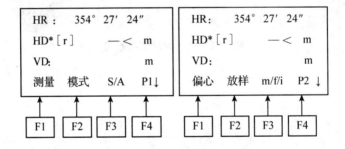

图 2-56　手持测距仪显示屏图

表 2-5　距离测量模式各按键和显示符号功能表

页数	软键	显示符号	功　能
第一页 （P1）	F1	测量	启动距离测量
	F2	模式	设置测距模式为精测或跟踪
	F3	S/A	温度、气压、棱镜常数等设置
	F4	P1↓	显示第二页软键功能
第二页 （P2）	F1	偏心	偏心测量模式
	F2	放样	距离放样模式
	F3	m/f/i	距离单位的设置 米/英尺/英寸
	F4	P2↓	显示第一页软键功能

②设置　在距离测量前，通常需要确认测距模式、大气改正和棱镜常数等的设置，按 ◢ 后进入距离测量模式，按 F2 键（模式）可选择精确或跟踪测量模式，按 ESC 键（回退）；按 F3 键（S/A），可设置棱镜常数、大气改正值、温度、气压；按 F4 键（翻页），再按 F3 键（m/f/i），可对距离单位进行选择，设置完成后即可进行距离测量。

③测量　望远镜瞄准反射棱镜中心，按 ◢ 键进入距离测量模式。在电子测距过程中，

"＊"出现在屏幕上，同时伴有蜂鸣声，在8~30s后，则显示测量结果HR、HD和VD，按 $\boxed{\theta}$ 键显示V、HR和SD。若出现"＊"后蜂鸣声不停则为连续测量，按 $\boxed{F1}$ 键可转为N次测量，稍后则完成测量。此模式还可进行放样测量和偏心测量。如要退出距离测量模式，可按 $\boxed{ANG}$ 键。

4. 注意事项

①钢尺勿折弯，拉动时勿用力过猛。

②使用手持测距仪时，激光勿对准人。

5. 递交资料

①不同测量方法及器材分类。

②不同测量方法的精度对比。

二、直线定线与距离测量

1. 技能目标

①掌握目测及仪器直线定线的方法。

②掌握平坦地面、倾斜地面丈量距离的方法。

③初步掌握视线水平时视距测量的方法。

④掌握全站仪测量距离的方法。

⑤掌握手持激光测距仪测量距离的方法。

⑥初步掌握手持数据采集器测量距离的方法。

2. 准备工作

（1）场地准备

实习基地控制点之间有1段平坦地面或1段小于80m的斜坡。

（2）仪器和工具

每组：钢尺1卷、测钎6根、标杆3根、全站仪1台套、单棱镜配对中杆1根、水准尺1根、手持激光测距仪1台、手持数据采集器1台。

3. 方法步骤

（1）平坦地面距离测量

在实习基地分组测量相邻控制点间水平距离（场地为平坦地面、无障碍物且相邻点间通视条件较好）。

①全站仪电磁波测距　测量员甲在控制点A安置全站仪，对中整平；测量员乙在控制点B安置三脚架，其上安置单棱镜，对中整平。量取仪器高和棱镜高。

开机后设置棱镜常数（不同品牌仪器，常数不同），大气常数为0，竖盘为天顶零。盘左望远镜十字丝交点照准棱镜中心，按"测距"键，记录水平距离（HD）、斜距（SD）、竖盘读数L(V)；同法盘右再观测一次；比较两次水平距离，若互差≤±15mm，取平均值。其他数据待用。

②视距测量　A点全站仪不移动，B点换成水准尺，读取上、下丝并计算尺间隔l，按式（2-25）计算水平距离；同法连续观测两次，计算相对误差，若≤1/300，取平均值。

③仪器定线与整尺法丈量　A点全站仪不移动，观测员甲操作仪器，使望远镜十字丝交点瞄准B点标志，拧紧照准部制动，松开望远镜制动，缓缓向下转动望远镜，指挥丙在

AB 之间的视线方向上适当位置标定一点 *P*，使其距离 *B* 点不超一尺段长，同法继续标定其他点，使各点均在 *AB* 连线上。

如图 2-57 所示，乙持钢尺零端对齐 *B* 点，丙持尺末端沿定线方向从 *B* 向 *A* 拉平拉直钢尺，甲配合在整尺长处做标记，为第一整尺段 *l*；两持尺手同时前进，同法依次丈量各整尺段；最后丈量不足一整段的余长 *q*，按式(2-30)计算即为 *AB* 水平距离 *D*：

$$D = n \cdot l + q \tag{2-30}$$

式中　*n*——整尺段数。

图 2-57　整尺法

各学员轮流交换，同法再返测一次。计算相对误差，若≤1/3 000，取平均值。

④ 手持数据采集器测距　在 *A* 点打开手持数据采集器，待卫星信号条件满足时，参照任务 2.1 之任务实施八(GIStar 简要操作)进行设置；然后采集 *A* 点坐标，再依次采集 *B*、*C*、*D* 点坐标；在工具栏点击"距离量算"，再点击要查询的两点即可。

(2)倾斜地面距离测量

选一段 40~80m 的斜坡地面，坡上定一点为 *A*，坡下定一点为 *B*。

①全站仪电磁波测距　测量员甲在 *B* 安置全站仪；测量员乙将单棱镜插入对中杆，且棱镜与仪器同高，立于 *A* 点；甲开机后设置棱镜常数、大气常数、竖盘为水平零。盘左望远镜十字丝交点照准棱镜中心，按"测距键"，记录水平距离(*HD*)、高差 *h*(*VD*)、竖角 *α* (*V*)；各学员轮流交换，同法再观测一次；比较水平距离，若互差≤±15mm，取平均值。其他数据待用。

②目测定线及平量法丈量距离　如图 2-58 所示，甲在 *A* 点立标杆，乙在 *B* 点立标杆，指挥丙在 *AB* 连线上标定 *P* 点，使 *AP*、*PB* 水平距离不超尺长。甲持钢尺零端对准 *A* 点，丙在 *P* 点上方吊垂球，乙将钢尺拉平拉直(若距离略长，钢尺可能垂曲，其他学员在中间托起)，读取 *AP* 水平距离；甲到 *P* 点，乙和丙到 *B* 点，同法丈量 *PB* 水平距离；将 *AP*、*PB* 水平距离相加，即为 *AB* 水平距离。各学员轮流交换，同法从坡上到坡下再测量一次。计算相对误差，若≤1/1 000，取平均值。

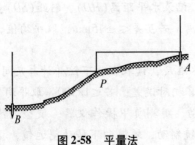

图 2-58　平量法

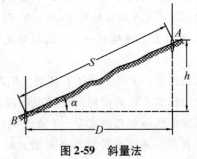

图 2-59　斜量法

③斜量法丈量距离 如图2-59所示，在A、B两点沿斜坡拉直钢尺，直接丈量斜距S。同法丈量两次，计算相对误差，若≤1/1 000，取平均值。再根据全站仪测得的竖角α或高差h计算水平距离。计算公式为：

$$D = S\cos\alpha \tag{2-31}$$

或

$$D = \sqrt{S^2 - h^2} \tag{2-32}$$

（3）手持激光测距仪测量距离

选择一教室或宿舍，手持激光测距仪开机；将仪器底部贴紧内墙一侧，保持测距仪水平稳定，按一次 测量 键为开激光；待目测激光束指向对面墙体且大致水平后，再按一次 测量 键，即可测得房间长度；同法测量房间宽度和高度。

4. 注意事项

（1）距离丈量读数均读到 mm 位。mm 位读记错误应重新观测，cm 以上位读记错误可在现场更正。

（2）全站仪测距时，在视线上不得有反射棱镜或反光物体，以免影响测距精度。

（3）激光测距时，勿使激光照射人体，以免灼伤。

5. 记录格式

记录格式见附表1和附表2。

附表1 平坦地面各种方法测距记录

班级_____ 组号_____ 组长（签名）_____ 仪器_____ 编号_____

成像_____ 测量时间：自___：___测至___：___ 日期：_____年_____月_____日

方法	直线	观测次数	仪器高 i(m)	棱镜高 v(m)	水平距 HD(m)	斜距 SD(m)	竖盘读数 (° ′ ″)	竖角 (° ′ ″)	备注
全站仪电磁波		第一次							盘左
		第二次							盘右
		平均值							

方法	直线	观测次数	上丝 (m)	下丝 (m)	尺间隔 (m)	水平距离 (m)	平均距离 (m)	相对误差	备注
视距测量		第一次							
		第二次							

方法	直线	观测次数	整尺长 (m)	整尺段 (m)	余长 (m)	水平距 (m)	平均距离 (m)	相对误差	备注
丈量		第一次							
		第二次							

方法	直线	第一次(m)	第二次(m)	平均距离(m)	备注
手持数据采集器					

附表2　倾斜地面各种方法测距记录

班级_____组号_____组长(签名)_____仪器_____编号_____
成像_____测量时间：自___:___测至___:___日期：_____年____月____日

方法	直线	观测次数	仪器高(m)	棱镜高 v(m)	水平距离 HD(m)	垂直距离 VD(m)	竖角 α(° ′ ″)	备注
全站仪电磁波		第一次						
		第二次						
		平均值						

方法	直线	观测次数	各段距离(m)		水平距离(m)	平均距离(m)	相对误差	备注
丈量(平量法)		第一次						
		第二次						

方法	直线	观测次数	竖角 α(° ′ ″)	斜距 S(m)	水平距离(m)	平均距离(m)	相对误差	备注
丈量(斜量法)		第一次						
		第二次						

方法	房间	观测次数	长(m)	宽(m)	高(m)	面积(m^2)	体积(m^3)	备注
手持激光测距仪		第一次						
		第二次						
		平均值						

6. 递交资料

①距离测量记录表。

②操作步骤。

 拓展知识

1. 激光全站仪、激光水准仪等在工程施工中的应用。

2. 管线仪的工作原理及应用。

3. 徕卡、博世、喜利得等品牌测距仪的功能及应用。

 巩固训练项目

1. 钢尺读数。

2. 全站仪快速安置及瞄准。

 思考与练习

1. 直线定线：在两点连线上设立一些_____，表明直线_____的工作。

2. 总结不同观测方法，哪些用相对误差衡量，哪些用中误差衡量？为什么？

相关链接

1.（CJJ/T 8—2011）《城市测量规范》.
2.（GB 50026—2007）《工程测量规范》.
3.（GB/T 16818—2008）《中、短程光电测量规范》.
4.（GB/T 14267—2009）《光电测距仪》.

任务 2.4　直线定向

任务目标

测定直线方向是计算、绘图所需的基本工作之一，本任务要求学生了解三北方向及关系；理解直线定向的意义；理解表示直线方向的方法；了解直线正、反方位角的关系；掌握平均方位角的计算方法；掌握罗盘仪测定磁方位角的方法。

任务描述

本任务主要学习直线定向的意义及方法，三北方向及关系，正、反方位角及关系，学习罗盘仪测定直线磁方位角的观测及计算方法。

知识准备

2.4.1　直线定向

要确定两点间平面位置的相对关系，除了测量两点间的距离以外，还要测量直线的方向。确定地面直线与标准北方向（基本方向）的水平夹角的关系的工作，称为直线定向。

2.4.1.1　标准北方向

（1）真北方向

如图 2-60 所示，P 为北极，则通过地面上 A 点的真子午线的切线北方向称为该点的真子午线方向，又称真北方向。测定真北方向可用天文测量法或陀螺经纬仪。

（2）磁北方向

如图 2-60 所示，P′为磁北极，在地面 A 点，当磁针自由静止时其北端所指的方向称为该点的磁子午线方向，又称磁北方向。磁北方可用罗盘仪测定向。

（3）坐标纵线方向

如图 2-61 所示，高斯平面直角坐标系" + x"轴方向为坐标纵线方向，又称坐标北方向。同一坐标系内各点的坐标北方向一致。

测量上，称真北方向、磁北方向和坐标北方向为三北方向，一般在中、小比例尺地形图的南图框外绘有本图幅的三北方向关系图。

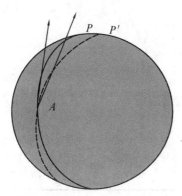

图2-60　真北方向与磁北方向

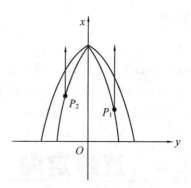

图2-61　坐标北方向

2.4.1.2　直线方向的表示法

测量中，常用方位角表示直线的方向，方位角的定义为：由标准方向的北端起，顺时针到某直线的水平夹角，角值范围为0°~360°。如图2-62所示，标准北方向不同，方位角也不同。以地面PQ直线为例，三种方位角的定义为：

（1）真方位角

从P点的真北方向起，顺时针到PQ的水平夹角为PQ直线的真方位角，用A_{PQ}表示。

（2）磁方位角

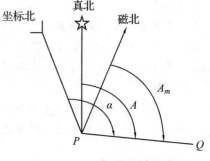

图2-62　直线的三种方位角

从P点的磁北方向起，顺时针到PQ的水平夹角为PQ直线的磁方位角，用A_{mPQ}表示。

（3）坐标方位角

从P点的坐标北方向起，顺时针到PQ的水平夹角为PQ直线的坐标方位角，用α_{PQ}表示。

2.4.1.3　三种方位角的关系

（1）真方位角与磁方位角的关系

由于地磁南北极与地理南北极不重合，一般过地面上某点的真北方向与磁北方向也不重合，两者之间的水平夹角，称为磁偏角，用δ表示。磁北方向偏于真北方向东侧称东偏，δ为"+"如图2-62所示；反之，磁北方向偏于真北方向西侧称西偏，δ为"-"。直线的真方位角与磁方位角可用式（2-33）换算。

$$A = A_m + \delta \qquad (2-33)$$

我国磁偏角变化从西到东在+6°~-10°之间。

（2）真方位角与坐标方位角的关系

在高斯平面直角坐标系中，因子午线收敛于地球南北极，除了中央子午线上的点外，投影带内其他各点的坐标北方向与真北方向均不重合，其夹角称为子午线收敛角，用γ表示，如图2-63所示。坐标北方向

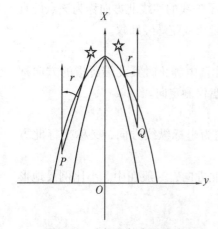

图2-63　坐标北与真北的关系

偏于真北方向东侧称东偏，γ 为" + "；反之，坐标北方向偏于真北方向西侧称西偏，γ 为" – "。直线的真方位角与坐标方位角之间的关系可用下式换算。

$$A = \alpha + \gamma \tag{2-34}$$

（3）坐标方位角与磁方位角的关系

若已知某点的磁偏角 δ 与子午线收敛角 γ，则该点坐标方位角与磁方位角之间的关系为：

$$\alpha = A_m + \delta - \gamma \tag{2-35}$$

2.4.1.4　正、反方位角的关系

由于地面上各点的真北方向都是指向地理北极，所以直线的正、反真方位角相差不是 180°；同理，地面上各点的磁北方向都是指向地球磁北极，所以直线的正、反磁方位角相差也不是 180°；而在同一个高斯平面直角坐标系中，各点的纵坐标轴方向均与中央子午线平行，直线的正、反坐标方位角相差是 180°。因此，在普通测量工作中，以坐标北方向为标准方向，地面上各点的标准方向都相互平行，用坐标方位角来表示直线的方向，在计算上就方便了。如图 2-64 所示，直线 AB 的正坐标方位角为 α_{AB}，其反坐标方位角为 α_{BA}，则

$$\alpha_{AB} = \alpha_{BA} \pm 180° \tag{2-36}$$

当 $\alpha > 180°$ 时，取" – "号；当 $\alpha < 180°$ 时，取" + "。

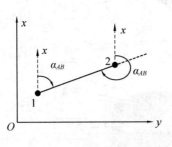
图 2-64　水准点的标志

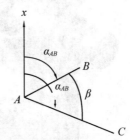
图 2-65　根据方位角求夹角

2.4.1.5　根据两直线方位角求夹角

若已知由某点到两方向的方位角，则可计算两直线间水平夹角。如图 2-65 所示，根据 α_{AB} 和 α_{AC} 可计算水平角 β，即

$$\beta = \alpha_{AC} - \alpha_{AB} \tag{2-37}$$

若 α_{AC} 小于 α_{AB}，应加 360°。

2.4.2　罗盘仪

罗盘仪是利用磁针测定直线磁方位角的仪器。罗盘仪构造简单，使用方便，但精度不高，钢铁建筑、高压线等外界环境对其测量精度影响较大。当测区范围小，且没有国家控制网时，需要建立假定平面直角坐标系，可用罗盘仪测量起始边的磁方位角作标准北方向。如图 2-66 所示，罗盘仪的主要由磁针、刻度盘、望远镜、基座组成，其构造与操作将在任务实施中详细介绍。

任务实施

一、认识罗盘仪

1. 技能目标

①熟悉罗盘仪的构造。

②明确各部件的功能。

2. 准备工作

(1)场地准备

实习基地。

(2)仪器和工具

每组：罗盘仪1台套。

3. 方法步骤

图2-66所示为森林罗盘仪。

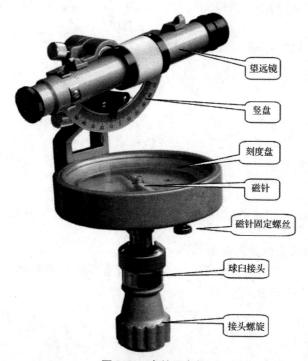

图2-66　森林罗盘仪

（1）磁针

磁针用人造磁铁制成，支承在刻度盘中心的顶针尖端上，可灵活转动。当磁针自由静止时，可指示磁子午线方向。在北半球，磁针的南端缠绕铜丝或铝块用以平衡磁针。为防止磁针的磨损，不用时，可用磁针固定螺旋将磁针升起固定。

（2）刻度盘

刻度盘通过支架与望远镜固定，随望远镜一起转动。最小分划为1°，按逆时针从0°到360°每隔10°有一注记。刻度盘内有两个相互垂直的管水准器，指示罗盘盒是否水平。

(3)望远镜

除望远镜为外对光望远镜，其余与经纬仪基本相同。望远镜随罗盘盒在水平方向转动，也可在竖直方向仰俯转动，并可利用支架上的竖直度盘，测定竖直角。望远镜的视准轴与刻度盘上 0° 至 180° 直径线在一个竖直面。

(4)基座

基座采用球臼结构，松开接头螺旋，可摆动刻度盘使水准气泡居中，度盘水平后拧紧接头螺旋。

4. 注意事项

①罗盘仪应避开导磁金属。

②移站时应顶起磁针。

5. 递交资料

①罗盘仪的构造。

②罗盘仪各部件功能。

二、罗盘仪测定直线磁方位角

1. 技能目标

①掌握罗盘仪测定直线磁方位角的观测、计算方法。

②掌握三种方位角的换算方法。

2. 准备工作

(1)场地准备

实习基地。

(2)仪器和工具

每组：罗盘仪 1 台套、测钎 1 根、皮尺 1 卷。

3. 方法步骤

(1)选点

选实习基地两互相通视的两个控制点 A、B。

(2)安置

在 A 点安置罗盘仪，用垂球对中；松开球臼接头螺旋，摆动罗盘盒，使度盘上的两个互相垂直的水准气泡同时居中，旋紧球臼接头螺旋，使刻度盘水平。松开磁针固定螺旋，使磁针摆动后自由静止。

(3)瞄准与读数

在 B 点立测钎；顺时针转动罗盘盒，望远镜瞄准 B 点测钎的底端，尽量用十字丝的竖丝垂直平分测钎。待磁针静止后，站在磁针南端，读出磁针北端的读数，即为 AB 直线的正磁方位角 α_{AB}。同理，将罗盘仪和标杆互换进行返测，即为 AB 直线的反磁方位角 α_{BA}。

(4)计算

正、反方位角之差应该为 180°，如误差在限差 1° 以内，可按式(2-38)取平均数作为直线的磁方位角，即

$$\alpha = \frac{1}{2}\left[\alpha_{AB} + (\alpha_{BA} \pm 180°)\right] \tag{2-38}$$

（5）绘图

根据 AB 直线的平均方位角和距离，选择适当的比例尺绘图。

4. 注意事项

在用罗盘仪测定磁方位角时，应远离高压线和铁制品以免影响磁针的指向。在读数结束后，应旋紧磁针固定螺旋，以防磁针反复摇摆产生不必要的磨损。长期库存应松开磁针。

5. 记录格式

记录格式见附表1。

附表1　罗盘仪测定磁方位角

班级_____组号_____组长（签名）_____仪器_____编号_____

成像_____测量时间：自____:____测至____:____日期：_____年_____月_____日

直线	α_{AB} (° ′)	α_{BA} (° ′)	平均值 (° ′)	误差	距离(m)	备注

6. 递交资料

①测量记录表。

②操作步骤。

 拓展知识

1. 不同地区的三北方向关系，我国不同地区的磁偏角。

2. 直线的象限角及与方位角的关系。

3. 陀螺经纬仪的原理及应用。

4. 地质罗盘仪。

5. 数字激光地质罗盘仪。

 巩固训练项目

1. 三种方位角的换算。

2. 罗盘仪测定磁方位角的观测与计算。

思考与练习

1. 直线定向：确定一条直线与_____的关系。

2. 标准（基本）方向有：_____方向（天文方法测量）、_____方向（罗盘仪测量）和_____方向。

3. 标准方向的关系有

（1）磁偏角：磁北方向位于真北方向的东侧符号为"_____"，位于西侧为符号"_____"。

（2）子午线收敛角：坐标北方向位于真北方向的东侧符号为"_____"，位于西侧为符号"_____"。

(3)磁坐偏角：磁北方向位于坐标北方向的东侧符号为"_____"，位于西侧为符号"_____"。

4. 方位角 α：由标准方向线_____端_____时针到某直线的水平夹角，范围_____。根据基本方向不同有_____方位角、_____方位角和_____方位角。

5. 同一坐标系内，直线的正、反坐标方位角关系：相差_____。

直线的正、反磁(真)方位角关系：两点距离不远时，可认为相差_____。

6. 如图 2-67 所示，已知 1－2 边坐标方位角 $\alpha_{12}=65°32'$，2 点右转角 $\beta_2=118°13'42''$，3 点左转角 $\beta_3=112°05'26''$，求 2－3 边、3－4 边的坐标方位角。

7. 罗盘仪不宜安放在_____、_____附近，否则磁力异常；长期库存应_____磁针。

8. 绘图表示学校三北方向及关系。

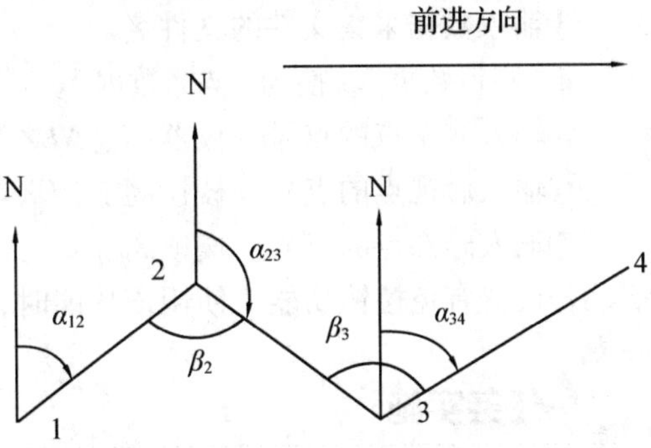

图 2-67　方位角推算

相关链接

1. (GB/T 14911—2008)《基本测绘术语》.
2. (CJJ/T 8—2011)《城市测量规范》.
3. (GB 50026—2007)《工程测量规范》.

任务 2.5　全站仪数据采集

任务目标

全站仪是地形图数字化测绘的最方便、实用的仪器，全站仪野外数据采集是地形图测绘必备的基本技能。通过本任务的学习，要求学生熟悉全站仪数据采集的操作程序；掌握仪器参数设置、输入测站点及后视点信息、确定碎部点(地物地貌特征点)并进行现场测量的方法。

任务描述

本任务首先介绍全站仪数据采集的目的和要求，然后利用计算机让学生实用模拟软件练习，熟悉操作程序，再到实地分组演示，划分施测范围，以小组为单位练习数据采集，要求轮岗作业，熟悉工作流程和操作方法。

知识准备

全站仪数据采集进行的是碎部测量，即测量地物地貌特征点的平面位置和高差。在开始数据采集前，要求设置仪器参数，输入数据采集文件、测站点、后视点、碎部点信息。

因仪器原始测量数据为水平角、竖角、斜距，需选择将"测量数据"转换为"坐标数据"，并始终保持盘左位置进行测量。

现以 NTS-352 为例，进行全站仪基本设置。设置项目及输入信息如下：

①设置棱镜常数 PSM、大气常数 PPM，角度单位(°)、长度单位(m)。

②竖盘(天顶零)、水平度盘(HR)、坐标为 N、E、Z。

③输入数据采集文件的文件名。

④"测量数据"转换为"坐标数据"。

⑤输入测站点的点号、仪器高、NEZ 坐标。

⑥输入后视点的点号、棱镜高、NEZ 坐标。

⑦输入碎部点的点号、棱镜高。

若仪器有免棱镜功能，使用该功能时，需将仪器上设置为"无棱镜"。

 **任务实施**

一、全站仪数据采集

1. 技能目标

①熟悉全站仪数据采集操作程序。

②初步掌握全站仪数据采集操作方法。

2. 准备工作

(1)场地准备

理实一体实训室、实训基地。

(2)仪器和工具

每人：计算机 1 台、数据采集模拟器软件。

每组：全站仪 2 台套，单棱镜 + 对中杆 4 根，钢尺(2m)2 卷，50m 钢尺 1 卷。

3. 方法步骤

(1)利用数据采集模拟器软件练习操作方法

①打开计算机，安装数据采集模拟器软件；

②按 ★ 键，练习设置棱镜常数 PSM、大气常数 PPM；

③按 菜单 键，新建数据采集文件；

④输入测站点的点号、仪器高、N、E、Z 坐标；

⑤输入后视点的点号、棱镜高、N、E、Z 坐标；

⑥输入碎部点的点号、棱镜高。

(2)全站仪数据采集

①安置仪器　将全站仪安置在测站点，对中(对中偏差不应大于5mm)、整平(水准管气泡偏离不能超出 1 格)，量取仪器高。

②设置　全站仪开机后盘左位置，纵转望远镜垂直角过零，按"★"键，练习设置棱镜常数 PSM、大气常数 PPM；在测角模式下设置角度单位(度)、竖盘(天顶零)、水平度盘(HR)，在测距模式下设置长度单位(m)；按 菜单 键，新建数据采集文件，并选择将"测量数据"转换为"坐标数据"。

③新建数据采集文件 按 菜单 键；参看图 2-68(a)，再按 F1 键数据采集；参看图 2-68(b)，按 F1 键输入数据采集文件名，如"ML01"，出现图 2-68(c)界面。

菜单 1/3	选择一个文件	数据采集 1/2
F1： 数据采集	文件： ML01_____	F1： 输入测站点
F2： 放样		F2： 输入后视点
F3： 存储管理 P↓	输入 调用 —— 回车	F3： 测量 P↓
(a)	(b)	(c)

图 2-68 设置"数据采集文件"屏显图

④输入测站点 设置测站点，是为所测图形定位。在图 2-68(c)界面，按 F1 键，输入测站点的点号、仪器高，如图 2-69(a)所示；连续按 F4 键，出现图 2-69(b)界面，输入测站点的 N、E、Z 坐标；在图 2-69(c)界面，按 F3 键选择"是"，测站点信息被保存。

点号 A_____	测站点	点号： A_____
标识符：_____	N：	标识符：
仪器高： → 1.650 m	E：	仪器高： 1.650 m
输入 查找 记录 测站	Z：	>记录？ [是] [否]
(a)	(b)	(c)

图 2-69 "输入测站点"屏显图

⑤输入后视点 设置后视点，是为所测图形定向。在图 2-68(c)界面，按 F2 键，输入后视点的点号、棱镜高，如图 2-70(a)所示；按 F4 键，直至出现图 2-70(b)界面，输入后视点的 N、E、Z 坐标；望远镜瞄准后视点，在图 2-70(c)界面，按 F3 键测量→斜距，仪器自动计算并应用定向后的水平度盘读数。

后视点： B_____	后视点： _	后视点： B_____
编码：	N：	编码：
棱镜高→ 1.580m	E：	棱镜高→ 1.580m
输入 置零 测量 后视	Z：	输入 置零 测量 后视
(a)	(b)	(c)

图 2-70 "输入后视点"屏显图

⑥检核 在图 2-68(c)界面，点按 F3 键测量，出现如图 2-71(a)界面；选择较远的图根点作为定向点立棱镜，望远镜瞄准棱镜，输入点号、棱镜高，如图 2-71(b)所示；按 F4 键同前，进行测量，作为检核。校核结果与已知成果的平面位置较差不应大于 5mm，高程较差不应大于基本等高距的 1/5。

⑦碎部测量 跑尺员依次到地物地貌特征点立尺；观测员操作全站仪，瞄准棱镜，输

点号 →＿＿＿＿	点号： 101	点号： 101
编码： ＿＿＿＿	编码： ＿＿＿＿	编码： ＿＿＿＿
棱镜高 1.580 m	镜高 → 1.700m	棱镜高： 1.700 m
输入 查找 测量 同前	输入 查找 测量 同前	角度 *斜距 坐标 偏心
(a)	(b)	(c)

图 2-71 "碎部测量"屏显图

入点号和棱镜高，按 同前 进行坐标数据采集；绘图员同时在工作草图上标出碎部点的位置、点号、属性及连接关系等。

若立尺点的棱镜高改变，要及时修改全站仪棱镜高数据；对于无法直接立棱镜的特征点如大树中心、电线杆中心、建筑物转角等，应采用偏心测量方法进行观测；对于全站仪观测不到但绘图时必需的特征点，要采用距离交会法、支距法、延长直线法等几何作图法进行测量，并及时绘图记录相关数据，以免遗漏给内业绘图带来不便；对于间距相等的点状符号，如成行树，观测时只测量最外侧两颗，然后统计中间株数。

⑧定向检查　对一个测站要仔细观察，确实无遗漏后，再进行定向检查，确认正确后正常关机。数据及时传输到计算机存储。

⑨传输数据并保存　在教师指导下打开 CASS 软件，将数据传输到计算机，保存为"＊.dat"文件。及时复制到个人 U 盘。

4. 注意事项

①工作草图要 3H 铅笔绘制，并妥善保存。

②要认真核对测站点、后视点、定向点的坐标数据。

5. 递交资料

①操作步骤。

②草图。

③数据文件(＊.dat)。

大比例尺数字测图草图

班级＿＿＿＿＿组号＿＿＿＿＿组长(签名)＿＿＿＿＿仪器＿＿＿＿＿编号＿＿＿＿＿

成像＿＿＿＿＿测量时间：自＿＿：＿＿测至＿＿：＿＿日期：＿＿＿＿年＿＿＿月＿＿＿日

测站点号：＿＿＿＿＿坐标：$x = $＿＿＿＿＿ $y = $＿＿＿＿＿ $H = $＿＿＿＿＿仪器高＿＿＿＿＿

后视点号：＿＿＿＿＿坐标：$x = $＿＿＿＿＿ $y = $＿＿＿＿＿棱镜高＿＿＿＿＿草图号＿＿＿＿＿

草图起始点号：＿＿＿＿＿草图终止点号：＿＿＿＿＿

北
↑

 **拓展知识**

1. RTK 数据采集。
2. CORS 的应用。

 巩固训练项目

1. 全站仪参数设置。
2. 全站仪数据采集。

 思考与练习

1. 全站仪数据采集时需进行哪些设置？
2. 全站仪数据采集时需输入测站点的哪些信息，为什么？
3. 全站仪数据采集时需输入后视点的哪些信息，输入后视点信息后，还需作何操作，为什么？
4. 为什么要用定向点检核？

 相关链接

1. (JJG 100—2003)《全站型电子速测仪检定规程》.
2. (TD/T 1001—2012)《地籍调查规程》.
3. (CH/T 1031—2012)《新农村建设测量与制图规范》.

任务 2.6 CASS 基本操作

任务目标

计算机绘图是进行地形图测绘以及园林规划设计必须具备的基本技能之一，目前各单位较多普遍使用 CASS(地形地籍成图系统)绘图软件。通过本任务的学习，要求学生熟悉 CASS 界面以及各下拉菜单的功能；学会设置和改变比例尺，熟悉地物绘制菜单，能简单绘制各类地物地貌；掌握图形文件的命名及保存路径设置方法。

任务描述

本任务将从 CASS9.1 的安装、CASS 界面的认识、各下拉菜单及地物绘制菜单的应用、新建图形文件、展点、绘图等方面熟悉 CASS 的基本操作。

 知识准备

CASS 地形地籍成图软件是南方测绘公司基于 AutoCAD 平台技术的 GIS 前端数据处理系统，涵盖了测绘、国土、规划、市政、环保、地质、交通、水利、电力、矿山及相关行业，广泛应用于地形成图、地籍成图、工程测量应用、空间数据建库、市政监管等领域。

较早期版本有 CASS7.0、CASS2008，目前最新版本是 CASS9.1，地形图图式符号执行的是现行国标 GB/T 20257.1—2007《国家基本比例尺地图图式》。

2.6.1 CASS 运行平台

CASS2008 以下版本 for2002、for2005、for2008 三个安装包，CASS9.1 整合为一个安装包，使用 AutoCAD2002 ~ 2012 的用户均可使用。

2.6.2 版本分类

①按软件锁是否注册分：试用版和正版。
②按符号库分：大比例尺版(1:500 ~ 1:2 000)、中比例尺版(1:5 000 ~ 1:10 000)。
③按软件锁的节点分：单机版和网络版。
④按是否定制分：标准版和定制版。

2.6.3 CASS 特点

①操作简单、功能丰富。
②支持多种格式参考文件软件支持 DWG、DGN、MIF、XLS、WORD、JPEG、JPG、航片等参考文件。
③具有丰富的数据输入、输出接口。
④支持多种测量外业数据的处理。
⑤具有方便实用的属性面板。
⑥可兼容多种软件生成的数据。
⑦全面面向 GIS，彻底打通数字化成图系统与 GIS 接口，使用骨架线实时编辑、简码用户化、GIS 无缝接口等先进技术。

2.6.4 功能相似的其他绘图软件

①北京威远图易 sv300 绘图软件。
②广州开思测绘软件有限公司 scs2000 绘图软件。
③北京清华山维 eps2008 绘图软件。

任务实施

一、CASS 安装与界面认识

1. 技能目标

①了解 CASS 安装方法。
②了解 CASS 软件界面各分区功能。

2. 准备工作

（1）场地准备

理实一体教室。

（2）仪器和工具

每人：计算机 1 台。

3. 方法步骤

（1）安装 CAD

查看 CASS9.1 对 CAD 版本的要求以及 CAD 对计算机的软、硬件配置要求，条件符合后，安装 CAD。CAD 在安装完成后须运行一次。

（2）安装 CASS

安装文件可以用安装盘，也可以在南方测绘网站下载。安装时，打开 CASS9.1 文件夹，双击"setup.exe"文件，接下来按安装向导依次操作即可完成安装，安装结束后便在桌面显示图标。

（3）熟悉 CASS9.1 操作界面

双击桌面 CASS9.1 图标启动软件，如图 2-72 所示，依次查看菜单栏各下拉菜单，熟悉其功能。区别于 CAD 的有：

①顶部下拉菜单　包含几乎所有的 CASS 命令及 CAD 命令。

②右侧地物绘制菜单　是一个测绘专用交互绘图菜单，可按国标绘制地物地貌。

③标准工具栏　包含了 CAD 的许多常用功能。

④CASS 实用工具栏　具有 CASS 的一些较常用的功能。

⑤CASS 属性面板　可查看不同颜色的符号所代表地物的属性。

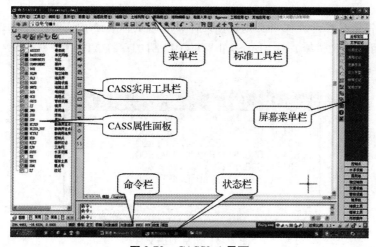

图 2-72　CASS9.1 界面

4. 递交资料

CASS 操作界面各分区名称与功能。

二、CASS 基本操作

1. 技能目标

①学会新建图形文件。

②学会展点。

③练习利用地物绘制菜单绘制地物地貌。

2. 准备工作

(1)场地准备

理实一体教室。

(2)仪器和工具

每人：计算机1台。

3. 方法步骤

双击桌面 CASS9.1 图标打开软件。

(1)新建图形文件

新建图形文件就是为新绘制的图形指定保存路径和创建文件名。

①新建一个文件夹　如某人姓名马林，学号01，则在 D 盘新建一个文件夹"马林"。

②新建一个图形文件　在打开软件时，先单击 保存 按钮，然后指定保存路径、输入文件名，如"D:\马林\01.dwg"。

在不关闭软件的情况下，若再建一个新文件，操作步骤为：

①在 CASS 界面单击下拉菜单"文件/新建图形文件"，在弹出的"选择样板"对话框中，选择"ACADISO.DWT"样板，单击 打开 按钮。

②在弹出的"图形另存为"对话框中，单击"保存于"旁的下拉箭头，给文件指定保存路径"D:\马林"，在"文件名"文本框中输入"02.dwg"，单击 保存 按钮，则文件名创建完成。

(2)展点

展点就是将保存在计算机中坐标数据文件各点的坐标展绘在绘图区。打开软件自带坐标数据文件(由全站仪传输)"C:\CASS9.1\DEOM\STUDY.DAT"，可查看外业数据采集成果，如图 2-73 所示。

图 2-73　坐标数据文件

初学者在野外数据采集时一般边采集边绘草图，这种"草图法"在内业工作时，根据作业方式不同，分为"点号定位""坐标定位""编码引导"几种方法。本任务只介绍"点号定位"法，具体操作步骤为：

①定显示区　就是根据坐标数据文件中的最大、最小坐标定出屏幕窗口的显示范围。单击菜单栏"绘图处理/定显示区"，在弹出的"输入坐标数据文件名"对话框中，选择坐标

数据文件"C:\CASS9.1\DEOM\STUDY.DAT"，单击 打开 按钮，这时命令区显示：

　　最小坐标(m)：$X = 31\,036.221$，$Y = 53\,077.691$

　　最大坐标(m)：$X = 31\,257.455$，$Y = 53\,306.090$

②点号定位　单击屏幕菜单的"坐标定位/点号定位"，在弹出的"选择点号对应的坐标点数据文件名"对话框中，选择坐标数据文件"C:\CASS9.1\DEOM\STUDY.DAT"，单击 打开 按钮，这时命令区显示：

　　读点完成！共读入 106 个点。

③展点　单击"绘图处理/展野外测点点号"，根据命令栏提示输入绘图比例尺分母(如500)；在弹出的"输入坐标数据文件名"对话框中，选择坐标数据文件"C:\CASS9.1\DE-OM\STUDY.DAT"，单击打开按钮，便可在屏幕上展出野外测点的位置及点号，如图 2-74 所示。根据需要，还可以执行下拉菜单"绘图处理/切换展点注记"命令，在弹出的图 2-75 对话框中选择注记方式。

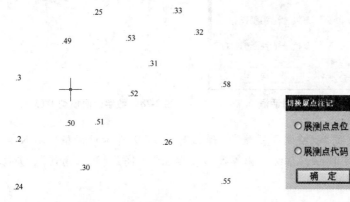

图 2-74　展点效果图　　　　　　图 2-75　切换展点注记对话框

（3）绘制地物

利用地物绘制菜单练习绘制建筑物、道路、植被等地物，如图 2-76 所示。练习命令栏中 Q、A、B、J、G、C、E 等的应用，进一步理解地物符号按性质和按能否依比例表示地物的不同分类。

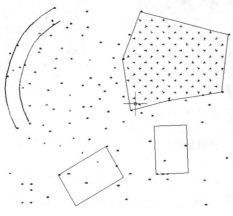

图 2-76　绘制地物

（4）绘制等高线

等高线是在 CASS 中通过建立数字地面模型 DTM 后自动生成的。接上步生成的"D:\马林图\01.dwg"，等高线的绘制过程为：

①建立 DTM　单击"等高线/建立 DTM"，弹出如图 2-77 所示对话框，根据需要选择建立 DTM 的方式和坐标数据文件名，然后选择建模过程是否考虑陡坎和地性线，单击 确定 按钮，生成如图 2-78 所示 DTM。

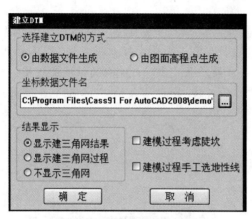

图 2-77　建立 DTM 对话框

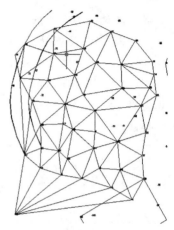

图 2-78　数字地面模型 DTM

②绘等高线　单击"等高线/绘制等高线"，弹出如图 2-79 所示对话框。输入等高距、选择拟合方式后，点击确定按钮，系统绘出等高线。单击"等高线/删三角网"，屏幕显示如图2-80所示。

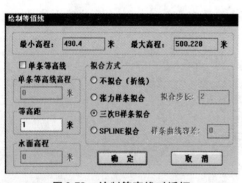

图 2-79　绘制等高线对话框

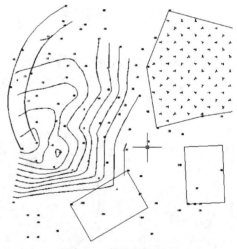

图 2-80　等高线屏显图

③等高线注记　如图 2-81 所示，单击下拉菜单"等高线/等高线注记/单个高程注记"，移动鼠标至要注记高程的等高线位置（计曲线），单击左键确定；移动鼠标至相邻等高线，单击左键确定。

先从坡下向坡上绘一直线；如图2-81所示，点击下拉菜单"等高线/等高线注记/沿直线高程注记"，选择"处理所有等高线"，移动鼠标至所绘直线，单击左键确定，效果如图2-82所示。此时，等高线穿越注记、道路、建筑物等。还可练习选择"只处理计曲线"。

图 2-81　选择等高线注记方式

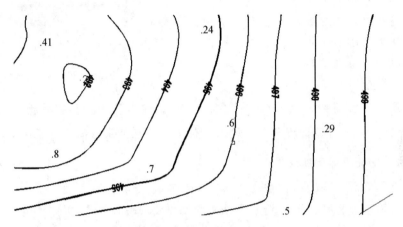

图 2-82　等高线注记屏显图

④等高线修剪　如图 2-83 所示，单击下拉菜单"等高线/等高线修剪/切除指定二线间等高线"，依次选择两条线即可；单击下拉菜单"等高线/等高线修剪/切除指定区域内等高线"，单击要切除等高线的封闭复合线即可；单击下拉菜单"等高线/等高线修剪/批量修剪等高线"，弹出如图 2-84 所示对话框，选择"修剪"和"整图处理"，其余默认，单击 确定 按钮，则自动进行修剪。

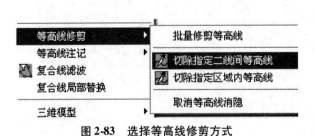

图 2-83　选择等高线修剪方式　　　　图 2-84　批量修剪对话框

修剪结束后，道路、建筑物、灌木林等地物内部的等高线被切除，穿越注记、符号等的等高线被打断。

(5)关闭 ZDH 图层

单击任一点号，在标准工具栏即显示该图层 ZDH，然后关闭该图层即可。

（6）改变比例尺

单击菜单栏"绘图处理/改变当前图形比例尺"，在命令栏输入新比例尺分母，选择改变符号大小与否，然后再改回原比例尺。

（7）添加注记

单击屏幕菜单的"文字注记/通用注记"按钮，弹出"文字注记信息"对话框，如图 2-85 所示。输入注记内容，选择注记排列形式和类型，单击 确定 按钮，完成文字注记。还可以注记建筑物的名称、结构、层数等。根据需要可使用 CAD 的 Rotate 命令旋转文字方向、使用 Move 命令调整文字位置。

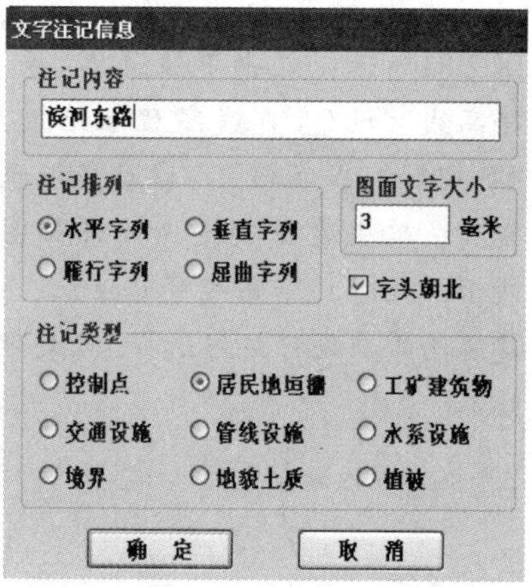

图 2-85　文字注记对话框

（8）地形图整饰

①设置图廓属性　单击"文件/CASS 参数配置"，弹出"CASS 参数综合设置"对话框，如图 2-86 所示。单击 图廓属性 标签，输入单位名称、坐标系、高程系、图式、日期，单击 确定 按钮，完成图廓属性设置。

②加图框　单击"工程应用/查询两点距离及高程"，然后沿水平线点击图形的最东、最西两点，查询东西长度，如 205m；同法沿竖直线查询南北长度，如 190m。

按比例计算图幅所需尺寸。如比例尺为 1∶500，则需 50cm×40cm 的图幅。

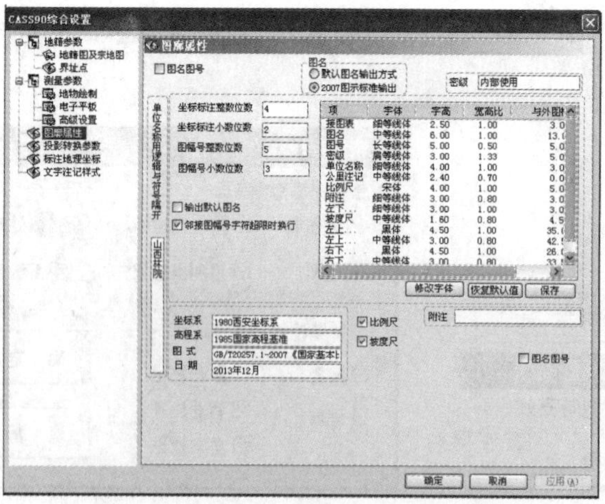

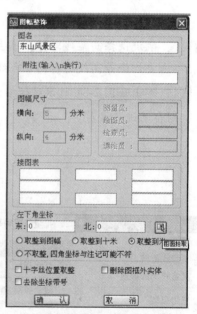

图 2-86　图廓属性设置对话框　　　　图 2-87　图幅整饰对话框

单击"绘图处理/标准图幅（50cm×40cm）"，弹出"图幅整饰"对话框，如图 2-87 所示。输入图名；"图幅左下角坐标"选择"取整到米"；单击 图面拾取 按钮，在屏幕适当位置单击，确定图幅内图廓线左下角位置，单击 确定 按钮；根据实际情况调整图面拾取位

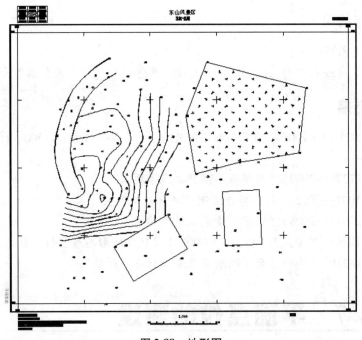

图 2-88　地形图

置，直至图形居中，至此地形图基本绘制完成，如图 2-88 所示。

（9）存盘

绘图结束后，点击保存按钮，关闭软件。将所绘的图形文件"D:\马林图\01.dwg"保存在自带 U 盘。

4. 注意事项

①绘图时要定时保存文件。

②绘图结束后要备份文件。

5. 递交资料

①操作步骤。

②效果图。

 拓展知识

1. 南方测绘《CASS 用户手册》《CASS 参考手册》。

2. 北京威远图易 SV300 绘图软件。

3. 广州开思测绘软件有限公司 SCS G2000 绘图软件。

4. 北京清华山维 eps2008 绘图软件。

 巩固训练项目

1. CASS 绘图练习。

2. 地物符号识读。

思考与练习

1. 展点操作分哪几步？
2. 绘图时，命令栏中 Q、A、B、G、J、C、E 等的作用分别是什么？

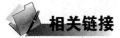

相关链接

1. (GB/T 20257.1—2007)《国家基本比例尺地图图式第 1 部分：1:500、1:1 000、1:2 000 地形图图式》.
2. (GB/T 17278—2009)《数字地形图产品基本要求》.
3. (CH/T 1031—2012)《新农村建设测量与制图规范》.
4. (GB/T 17941—2008)《数字测绘成果质量要求》.
5. (CH/T 1020—2010)《1:500、1:1 000、1:2 000 地形图质量检验技术规程》.
6. (GB/T 18316—2008)《数字测绘成果质量检查与验收》.

任务 2.7　平面点位的测设

任务目标

通过本任务的学习，要求学会用盘左盘右分中法测设水平角；学会用钢尺法、全站仪法测设水平距离；学会用极坐标法、直角坐标法、距离交会法测设平面点位，理解角度交会法测设平面点位。

任务描述

利用数字地形图设计 1 个点状符号（井盖、路灯等），查询其与控制点或地物特征点（建筑物转角点等）的相关数据，到实地练习用极坐标法、距离交会法、直角坐标法等测设平面位置。

知识准备

2.7.1　水平角度及水平距离的测设

2.7.1.1　水平角度的测设

水平角度的测设，就是在一个已知测站上安置经纬仪，根据一条已知边的方向和设计的水平角度，在地面上定出第二条边的方向。当测设水平角的精度要求不高时，可采用盘左、盘右取中数的方法，即盘左盘右分中法。具体操作方法见任务实施部分。

2.7.1.2　水平距离的测设

水平距离的测设是由一个已知点起沿设计方向测设已知水平距离，根据仪器工具不同，有钢尺测设法、测距仪测设法、全站仪测设法、RTK 测设法。钢尺测设法根据精度要求不同分为一般法和精确法，其中一般法能满足园林工程测量精度要求。各具体操作方法见任务实施部分。

2.7.2　平面点位的测设

2.7.2.1　极坐标法

（1）用水平角和水平距离测设

如图 2-89 所示，极坐标法是在 1 个测站点上安置仪器经纬仪，从 1 个定向方向起，根据在纸质图上量算或在数字地形图上查询获得 1 个水平角 β 和 1 个水平距离 D_{AP}，再到实地测设待定点 P 的平面位置。

（2）用坐标测设

在纸质地形图或数字地形图上查询图 2-89 中控制点 A、定向点 B、待定点 P 的坐标；在全站仪上新建放样坐标数据文件，输入查询的坐标数据；全站仪安置在 A 点，通过 B 点定向，便可根据提示放样 P 点。若 dx 为正，棱镜向南移，否则向北移；若 dy 为正，棱镜向南西，否则向东移。

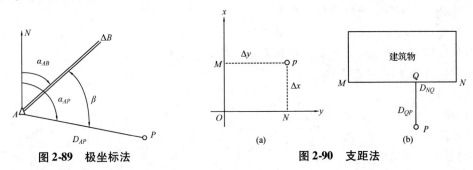

图 2-89　极坐标法　　　　　　　　图 2-90　支距法

2.7.2.2　直角坐标法（支距法）

如图 2-90（a）所示，当施工控制网为方格网，而待定点离控制网较近时，可采用直角坐标法测设点位。利用图上待定点相对于方格网线在 x、y 方向的坐标增量，到实地放样待定点位置。如图 2-90（b）所示，为方便练习，以待定点 P 与已知建筑物的一条边 NM 的垂直关系，目估进行测设。此方法放样数据为 2 个互相垂直的水平距离。

2.7.2.3　距离交会法

如图 2-91 所示，距离交会法是利用设计的待定点 P 与两已知点 A、N（如控制点、建筑物外墙角等）的距离 D_{AP}、D_{NP} 放样待定点 P 的平面位置，放样数据为可相交 2 个水平距离。此方法适用于场地平坦、量距方便、测设距离不超过尺长的放样。

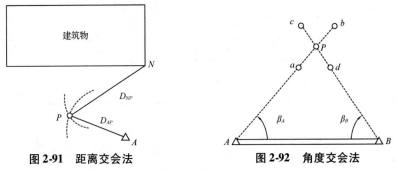

图 2-91　距离交会法　　　　　　　图 2-92　角度交会法

2.7.2.4 角度交会法

如图 2-92 所示，角度交会法是利用设计的待定点 P 与 2 个控制点 A、B 的水平角 β_A、β_B，在 A、B 两点同时进行角度放样，放样数据为 2 个水平角。

在纸质地形图或数字地形图上量测水平角 β_A、β_B；在 A、B 两点同时用经纬仪进行角度放样，放样点 P 要位于两台仪器的视线上。此方法常量距不便或远离控制点独立地物的放样。

2.7.2.5 RTK 测设

在纸质地形图或数字地形图上查询图 2-89 中控制点 A、定向点 B、待定点 P 的坐标；在 A 点安置 RTK 基准站并设置进入工作状态，在流动站 B 点进行检核，在流动站的数据采集手簿中选择测量中的"点放样"，输入放样点坐标，根据提示便可放样 P 点。流动站移动方法与全站仪利用坐标测设移动棱镜方法相同。

 **任务实施**

测设平面点位

1. 技能目标

①学会用正倒镜分中法测设水平角。

②学会用钢尺法、全站仪法测设水平距离。

③学会用极坐标法、支距法、距离交会法测设平面点位。

④学会 RTK 测设平面点位。

2. 准备工作

(1)场地准备

实习基地。

(2)仪器、工具和资料

每组：计算机 1 台、RTK1 台套、全站仪 1 台套、棱镜 + 对中杆 1 根、钢尺 2 卷、测钎 6 根。

3. 方法步骤

(1)查询放样数据

①打开 CASS 绘图软件，再打开图形文件"林院前院.dwg"。

②在图上设计 1 个点状地物符号(如井盖)，如图 2-89 中的 P 点，图 2-90、图 2-91 中的 P 点，查询控制点 A、B 和待定点 P 的坐标，填入表 2-6；查询水平角 β 和水平距离 D_{AP}、D_{NQ}、D_{QP}、D_{NP}、D_{AP}，填入表 2-7。

表 2-6　坐标数据

点号	坐标(m)			备注
	x	y	H	
A				控制点
B				控制点
P				待定点

表 2-7 平面点位测设数据 单位：m

测设方法	测设数据			
极坐标法	D_{AP}	α_{AB}	α_{AP}	β
距离交会法	D_{AP}	D_{NP}		
支距法	D_{NQ}	D_{QP}		

（2）极坐标法测设平面点位

极坐标法是先进行水平角测设，再进行水平距离测设，操作步骤为：

①盘左盘右分中法测设水平角 如图 2-93 所示，在控制点 A 安置全站仪，对中整平；盘左望远镜瞄准 B 点，水平度盘置零，顺时针转动照准部，至读数为设计水平角 β 时，在望远镜视线方向上适当距离（略大于 D_{AP}）标定一点 P_1；

盘右同法再标定一点 P_2，且与盘左时距离大致相等；

取 P_1、P_2 两点连线的中点 P，则 $\angle BAP$ 为欲测设的水平角 β。

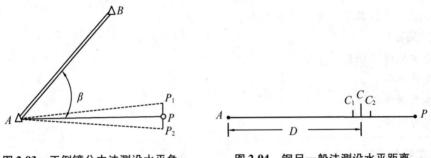

图 2-93 正倒镜分中法测设水平角   图 2-94 钢尺一般法测设水平距离

②全站仪测设水平距离 接上步，观测员操作全站仪，在距离测量模式下按 F4 键（P1↓）翻页；按 F2 键选择"放样"；按 F2 键选择"平距"；输入欲测设的水平距离，按 F1 键开始测距；司镜员由观测员指挥，持棱镜从 P 点沿 PA 向 A 点前进，当 $dHD > 0$ 时，棱镜向近处移动，当 $dHD < 0$ 时，棱镜向远处移动，直至 $dHD = 0$。再次进行测距检核，无误后在地面做标记。

③钢尺一般法测设水平距离 钢尺一般只用于测设长度小于一个整尺段的水平距离，若量距精度要求相对误差在 1/1 000~1/5 000 时，常选择一般量距法。若量距精度要求更高，需选择鉴定过的钢尺，计考虑尺长改正、温度改正、倾斜改正。如图 2-94 所示，在上述 AP 方向测设完成后，欲从 A 点起沿 AP 方向测设水平距离 D 一般法测设距离的步骤为：

钢尺零点对准 A 点，沿 AP 方向拉平拉直钢尺，在设计距离处做标记 C_1；

改变钢尺起始位置再次对准 A 点，沿 AP 方向拉平拉直钢尺，在设计距离处做标记 C_2；

量取 C_1 至 C_2 的长度 ΔD，按式（1-15）计算相对误差 K；

若 K 值不超允许范围，取 C_1、C_2 两点连线的中点 C，则 AC 为欲测设的水平角距离 D。

若地面有一定坡度，应在地势低的一端将钢尺抬高拉平，用垂球投点进行丈量。

（3）距离交会法测设平面点位

如图 2-91 所示，根据设计点位与控制点、建筑物的关系，持钢尺以 A 点为圆心、以 D_{AP} 为半径，以 N 点为圆心、以 D_{NP} 为半径同时画弧，在两弧相交处标定点位，即为设计点位 P。

（4）支距法测设平面点位

如图 2-90（b）所示，根据设计点位与控制点的关系，钢尺零端对准建筑物转角点 N，向另一转角点 M 拉平拉直钢尺，在设计距离 D_{NQ} 处做标记为 Q 点；再将钢尺零端对准 Q 点，目估钢尺与建筑物 MN 边向垂直后平拉直钢尺，在设计距离 D_{QP} 处做标记，即为设计点位 P。

（5）RTK 测设平面点位

将设计图纸上查询的控制点及待定点的坐标输入流动站手簿，按操作步骤进行实地放样。

4. 注意事项

①各项任务要交替轮流操作，互相配合。

②看管好仪器工具，责任落实到人。

5. 递交资料

①查询数据记录表。

②操作步骤。

③各项测设之精度。

④现场照片。

拓展知识

1. 坐标反算。

2. RTK 坐标放样。

3. GIStar 坐标放样。

巩固训练项目

1. 极坐标法测设平面点位。

2. RTK 坐标放样。

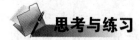

思考与练习

1. 极坐标法、直角坐标法、距离交会法测设平面点位所需数据各有哪些？绘图表示。

2. 已知控制点 A 的坐标为 $X_A = 45.000\text{m}$，$Y_A = 45.000\text{m}$，AB 直线的方位角 $\alpha_{AB} = 225°$；若要测设坐标为 $X_P = 30.000\text{m}$，$Y_P = -30.000\text{m}$ 的 P 点，试计算用极坐标法测设 P 点所需的数据，绘图并叙述测设步骤。

相关链接

1. （TD/T 1008—2007）《土地勘测定界规程》.

2. （CH/T 1031—2012）《新农村建设测量与制图规范》.

3. (CJJ 8—2011)《城市测量规范》.
4. (GB 50026—2007)《工程测量规范》.
5. (GB/T 50228—2011)《工程测量基本术语标准》.

任务 2.8 高程及坡度线的测设

任务目标

通过本任务的学习，要求学会用视线高法测设高程；学会用水准仪、全站仪测设坡度线。

任务描述

在实地选择一段线段，给出设计坡度，练习测设高程和坡度线。

 **知识准备**

2.8.1 高程测设

根据附近的水准点将设计高程测设到施工现场作业面上，称为高程测设。如图 2-95 所示，根据水准测量原理，由水准点高程 H_A、施工现场作业面设计高程 H_B 及后视读数 a 计算前视应读数 b，即

$$b = (H_A + a) - H_B \tag{2-39}$$

在安置好水准仪并读取后视读数 a 后，可根据式(2-39)计算前视应读数 b，再瞄准待定点水准尺进行高程测设，具体方法见任务实施。

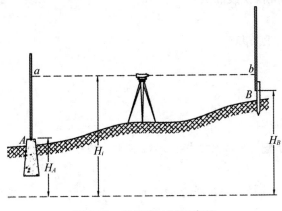

图 2-95 视线高法测设高程

2.8.2 坡度线的测设

在园路工程、沟渠工程、给排水工程、管网工程等施工中，都要求按一定方向测设设

计坡度线。如图 2-96 所示，首先根据直线 AB 的水平距离 D_{AB} 和设计坡度 i，先按式(2-39)计算 AB 设计高差 h_{AB}，即

$$h_{AB} = i \cdot D \tag{2-40}$$

再计算另一端 B 点设计高程 H_B，即

$$H_B = H_A + h_{AB} \tag{2-41}$$

然后按式(2-39)计算前视应读数 b，并用高程测设方法测设 B 点设计高程；最后用水准仪或经纬仪测设 A、B 间坡度线，具体方法见任务实施。

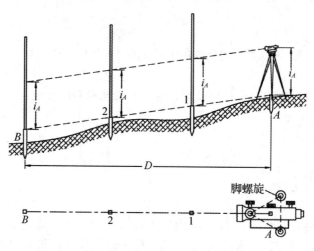

图 2-96 坡度线测设

 **任务实施**

一、高程测设（水准仪视线高法）

1. 技能目标

学会用视线高法测设高程。

2. 准备工作

（1）场地准备

实习基地。

（2）仪器、工具和资料

每组：水准仪 1 台套、水准尺 2 根、木桩若干、锤子 1 把。

3. 方法步骤

①如图 2-95 所示，选择一块欲平整的场地，假定设计高 H_B。查询附近水准点位置及高程 H_A。

②在 A、B 两点分别立水准尺，中间适当位置安置水准仪，后视 A 点水准尺读数 a，按式(2-39)计算 B 点前视应读数 b。

③望远镜瞄准 B 点水准尺，指挥司尺员在 B 点竖直方向缓缓移动水准尺，当读数为 b 时，在尺底打木桩并在侧面画一横线，即为 B 点设计高。

4. 注意事项

①此项工作在工程施工中用处较多，要互相配合，交替轮流操作训练。

②组内轮流操作考核，按完成任务所需时间及放样质量进行评比。

③看管好仪器工具、注意安全。

5. 递交资料

①查询数据记录表。

②操作步骤。

③各项测设之精度。

④现场照片。

二、测设坡度线

1. 技能目标

学会用水准仪、全站仪测设坡度线。

2. 准备工作

(1)场地准备

实习基地。

(2)仪器、工具和资料

每组：电子经纬仪(或全站仪)1 台套、水准仪 1 台套、水准尺 2 根、钢尺(50m)1 卷、标杆 3 根、木桩 5 根、锤子 1 把。

3. 方法步骤

(1)水准仪视线高法测设高程

①如图 2-95 所示，选一段地面未硬化、长度约 40m 的地段，丈量其水平距离 D，在 A、B 两端点各打木桩；若 AB 方向的放样坡度为 $i = -0.3\%$，则按式(2-40)计算 AB 的高差 h_{AB}。

②在 A、B 两点分别立水准尺，中间适当位置安置水准仪；后视 A 点水准尺，读取后视读数 a，按式(2-39)计算 B 点前视应读数 b。

③望远镜瞄准 B 点水准尺，指挥司尺员在 B 点竖直方向缓缓移动水准尺，当读数为 b 时，在标尺底端打木桩并侧面画一横线，使横线与标尺底端同高，即为 B 点设计高。

(2)水准仪测设坡度线

①如图 2-96 所示，在 A 点安置水准仪，使两个脚螺旋的连线与 AB 方向垂直，并整平仪器。

②在标杆(或水准尺)上与仪器同高处做标记 P，并立于 B 点，使标尺底端对齐 B 点设计高。

③望远镜瞄准 B 点标尺，旋转第三个脚螺旋，望远镜慢慢倾斜，直至十字丝横丝与标尺上的标记重合，此时视线方向即为设计坡度。

④司尺员持标尺沿着 $B{\rightarrow}A$ 方向前进，每隔一定距离观测员指挥司尺员竖直方向缓缓移动标尺，直至标尺与竖丝重合且标尺上标记 P 与十字丝交点重合，在标尺底端打木桩并侧面画一横线，使横线与标尺底端同高，即为 B 点设计高。同法测设沿线其他点。

(3)电子经纬仪(或全站仪)测设坡度线

①如图 2-96 所示，在 A 点安置电子经纬仪(或全站仪)，对中整平，用标杆或水准尺

比量仪器高并做标记 P。

②将标尺立于 B 点，使标尺底端对齐 B 点设计高。

③望远镜瞄准 B 点标尺上与仪器同高处 P 点，固定望远镜，此时视线即为设计坡度线。

④司尺员持标尺沿着 $B{\to}A$ 方向前进，每隔一定距离，司尺员由观测员指挥持标尺竖直方向缓缓移动，直至标尺与竖丝重合且标尺上标记 P 与十字丝交点重合，在标尺底端打木桩并侧面画一横线，使横线与标尺底端同高，即为 B 点设计高。同法测设沿线其他点。

4. 注意事项

①此项工作要互相配合，交替轮流操作训练。

②看管好仪器工具、注意安全。

5. 递交资料

①查询数据记录表。

②操作步骤。

③各项测设之精度。

④现场照片。

 拓展知识

1. 公路施工放样。

2. 沟渠、管道施工放样。

 巩固训练项目

1. 水准仪视线高法测设高程。

2. 坡度线测设。

 思考与练习

1. 查询给排水工程坡度技术指标。

2. 全站仪数据采集时需输入测站点的哪些信息，为什么？

3. 全站仪数据采集时需输入后视点的哪些信息，输入后视点信息后，还需作何操作，为什么？

4. 为什么要用定向点检核？

 相关链接

1.（CJJ 8—2011）《城市测量规范》.

2.（GB 50026—2007）《工程测量规范》.

3.（GB/T 50228—2011）《工程测量基本术语标准》.

4.（GB 50268—2008）《给水排水管道工程施工及验收规范》.

任务 2.9　圆曲线的测设

任务目标

通过本任务的学习，要求学会圆曲线元素和主点里程的计算方法；掌握圆曲线的主点和细部点的测设方法。

任务描述

首先结合案例，练习圆曲线测设元素和主点里程的计算方法，加深理解各元素及计算公式；再到实地测量布设路线起点、转折点，再现场测量转角并设计半径，计算圆曲线测设元素和主点里程，练习圆曲线主点和细部点的测设。

**知识准备**

2.9.1　圆曲线及其测设元素

在线路、建筑物、运动场、广场等的设计中，由一个方向转向另一个方向时通常用曲线连接，其中圆曲线是最基本的平面曲线。如图 2-97 所示，圆曲线的测设元素包括转向角 α、半径 R、切线长 T、曲线长 L、外矢距 E、切曲差 q，其中转角 α 由现场测定，半径 R 根据地形条件和设计要求设定，圆曲线的其他测设元素由转角 α、半径 R 计算，切曲差 q 用于校核，计算方法见式(2-42)，计算结果若与地形条件不符，可以修改半径后重新计算。

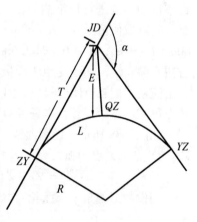

图 2-97　圆曲线及其测设元素

$$\begin{cases} \text{切线长 } T = R\tan\dfrac{\alpha}{2} \\[2mm] \text{曲线长 } L = R\pi\dfrac{\alpha}{180°} \\[2mm] \text{外矢距 } E = R\left(\sec\dfrac{\alpha}{2} - 1\right) \\[2mm] \text{切曲差 } q = 2T - L \end{cases} \tag{2-42}$$

2.9.2　圆曲线主点桩号的计算

如图 2-97 所示，圆曲线的三个主点包括起点(ZY)、中点(QZ)、终点(YZ)，其桩号由交点桩号(JD)及测设元素计算，按下式计算。

$$\begin{cases} ZY = JD - T \\ QZ = ZY + \dfrac{L}{2} \\ YZ = QZ + \dfrac{L}{2} \\ YZ = JD + T - q(\text{检核}) \end{cases} \qquad (2\text{-}43)$$

桩号书写格式如：$0 + 000$，$0 + 020$ 等，代表该桩距起点的里程。其中" $+$ "前面的数字单位为 km，" $+$ "后面的数字单位 m。在直线段一般每隔为 20m(或 50m)设一桩，桩号为 20m(或 50m)的整倍数；曲线段除三个主点外，视曲线长度判断是否设加桩。

2.9.3　圆曲线整桩和加桩细部点测设数据的计算

圆曲线测设包括三个主点的测设以及整桩和加桩细部点详细测设两部分，当地形变化不大、曲线长度小于 40m 时，不需要细部测设；若地形变化较大，曲线较长时，则需要增设整桩和加桩进行详细测设。《公路勘测规范》规定，整桩间隔取值范围为：$R > 60\text{m}$ 时为 20m，$30\text{m} < R < 60\text{m}$ 时为 10m，$R < 30\text{m}$ 时为 5m。测设整桩和加桩的方法有偏角法、切线支距法和极坐标法，由于偏角法方法简便，能自行闭合检核，且使用全站仪测程远的优点可减小量距误差，本任务只学习偏角法。

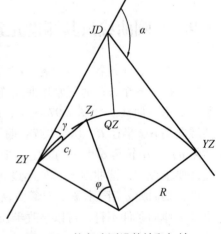

图 2-98　偏角法测设整桩和加桩

如图 2-98 所示，设圆曲线上整桩或加桩的桩号为 Z_j，ZY 点至 Z_j 点的弧长为：

$$l_j = Z_j - ZY \qquad (2\text{-}44)$$

测设数据偏角 γ_j 与弦长 c_j 为：

$$\begin{cases} \gamma_j = \dfrac{\varphi_i}{2} = \pm \dfrac{l_j}{R} \cdot \dfrac{90°}{\pi} \\ c_j = 2R\sin|\gamma_j| \end{cases} \qquad (2\text{-}45)$$

若交点转角 α 为右转角时为" $+$ "；交点转角 α 为左转角时为" $-$ "。

✒️任务实施

圆曲线测设

1. 技能目标

①学会计算圆曲线测设元素。

②学会测设圆曲线主点。

③学会用偏角法测设圆曲线的整桩和加桩。

2. 准备工作

(1)场地准备

实习基地。

（2）仪器、工具和资料

每组：全站仪 1 台套、棱镜 + 对中杆 1 根、钢尺（50m）1 卷、测钎 6 根、木桩若干、锤子 1 把。

3. 方法步骤

（1）标定线路起点和转折点

在实习基地适当位置选择三点分别作为线路中线的起点、第一交点 JD_1、第二交点 JD_2 并钉木桩。

（2）测量转折角

在 JD_1 安置全站仪，测量起点至 JD_1 的水平距离作为 JD_1 的桩号，测量转角 α，设置半径 R。

（3）计算测设元素和主点桩号

根据测得的转角 α 和设置的半径 R 按式（2-42）计算测设元素，根据交点桩号和测设元素按式（2-43）计算三个主点桩号。

（4）测设主点

观测员在 JD_1 操作全站仪，指挥司镜员从 JD_1 沿着至起点方向测设水平距离（切线长 T），钉木桩，在木桩侧面写曲线起点 ZY 及桩号。

从 JD_1 沿着（$180° - \alpha$）的分角线方向（圆曲线圆心方向）测设水平距离（外矢距 E），钉木桩，在木桩侧面写曲线中点 QZ 及桩号。

从 JD_1 沿着至 JD_2 方向测设水平距离（切线长 T），钉木桩，在木桩侧面写曲线终点 YZ 及桩号。

（5）偏角法测设整桩和加桩

根据 ZY 桩号，推算下一个整桩或加桩桩号 Z_j，按式（2-44）计算弧长，按式（2-45）计算偏角 γ_j 与弦长 c_j；

在圆曲线起点 ZY 安置全站仪，观测员操作使望远镜瞄准 JD_1 水平度盘置零，顺时针转动照准部（偏角 γ_j），指挥司镜员从 ZY 沿着视线方向测设水平距离（弦长 c_j），钉木桩，在木桩侧面写桩号；同法测设其他整桩和加桩。

4. 注意事项

参考任务 2.7 及 2.8 之任务实施。

5. 记录格式

记录格式见附表 1、附表 2。

附表 1　圆曲线测设元素

测设元素	α	R	T	L	E	q
数据						

附表 2　交点、主点及其他桩号

符号	JD	ZY	QZ	YZ	YZ				
桩号									

6. 递交资料

①操作步骤及示意图。

②记录、计算表。

③现场照片。

 拓展知识

1. 管线施工放样。

2. 公路施工测量。

3. 园林道路绿化施工方案。

 巩固训练项目

1. 公式应用。

2. 圆曲线测设。

 思考与练习

1. 绘图表示圆曲线主点及测设元素。

2. 已知转向角 $\alpha = 18°34'$，圆曲线设计半径 $R = 750\text{m}$，转折点 JD 桩号为 $2K + 265$、试求测设元素及主点里程桩号。

 相关链接

1. (JTG C10—2007)《公路勘测规范》.

2. (GB 50026—2007)《工程测量规范》.

项目3　地形图测绘

　　园林建设的主要任务之一是规划设计，而规划设计需要收集现状地形图资料，所以，掌握测绘地形图综合技能是学习本课程的重要任务。通过项目1和项目2的学习，已具备一定的基础知识和基本技能，为地形图测绘综合实践提供了理论和技术支撑。地形图测绘作为一项实践技能综合项目，分为图根控制测量和大比例尺数字化测图两部分，通过这两部分的学习与训练，要求学生掌握全站仪外业测量和CASS内业平差、绘图的方法，以组为单位完成综合实训任务。

学习目标

☞ **知识目标** 1. 了解国家平面控制网、国家水准网和GPS控制网。
　　　　　　　2. 理解图根控制测量的意义；了解导线的形式及适用情况；理解四等水准测量的外业观测程序。

☞ **技能目标** 1. 掌握全站仪导线测量的外业测量方法和CASS软件内业平差的方法。
　　　　　　　2. 掌握方位角和坐标的推算方法。
　　　　　　　3. 掌握全站仪碎部测量和CASS软件绘图的方法。

任务 3.1　图根控制测量

任务目标

　　通过本任务的学习，要求了解国家平面控制网、国家水准网和GPS控制网。明确图根控制测量的意义；掌握平面控制网的推算方法；掌握使用全站仪和CASS软件进行图根控制测量的方法；初步掌握GPS-RTK进行控制测量的方法。

任务描述

　　本学习任务首先对测量场地进行地形分析并选择图根控制点；使用全站仪进行导线测量，CASS软件进行平差计算，以提供图根点平面坐标；同时使用GPS-RTK进行控制测量，并比较各方法的优缺点。图根点高程可采用(项目2之任务实施三)图根水准测量数据。

3.1.1　控制测量概述

地形图测绘往往是在多测站进行的，为了防止误差积累，确保测量精度，测量工作必须遵循"从整体到局部、先控制后碎部"的原则，即先在测区内进行控制测量建立测量控制网，然后根据控制网进行地形测量。

所谓控制网，就是在测区内选择若干测量控制点而构成的几何图形。按控制网控制的范围，可分为国家控制网、城市控制网和图根控制网。在全国范围内建立的控制网，称为国家控制网，它是全国各种比例尺测图的基本控制。国家控制网是用精密测量仪器和方法依照相关测量规范按一、二、三、四等4个等级，由高到低逐级加密点位建立的。控制网应按由高到低逐级加密，直至直接用于测图的最低等级图根控制网，再在各图根点上安置仪器进行碎部测量。

控制测量就是在一定区域内，为地形测量和工程测量建立控制网所进行的测量工作。控制测量包括平面控制测量和高程控制测量，平面控制测量是测定控制点的平面直角 x、y 值，高程控制测量是测定控制点的高程 H 值。随着建网的手段和测量技术的发展，我国自 2008 年 7 月 1 日起启用 2000 国家大地坐标系，控制点含平面坐标和高程，为三维控制网。

3.1.1.1　平面控制网

我国的国家平面控制网主要用三角测量法布设，在西部困难地区采用导线测量法。一等三角锁沿经线和纬线布设成纵横交叉的三角锁系，如图 3-1 所示。二等三角测量有 2 种布网形式，一种是由纵横交叉的两条二等基本锁将一等锁分成大致相等的 4 个部分，这 4 个部分用二等补充网填充，称为纵横锁系布网方案，如图 3-2（a）所示；另一种是在一等锁环内布设全面二等三角网，称为全面布网方案，如图 3-2（b）所示。为了大比例尺测图和工程测量需要，二等三角网内进一步加密布设了三、四等三角网，作为图根测量和工程测量的基础。

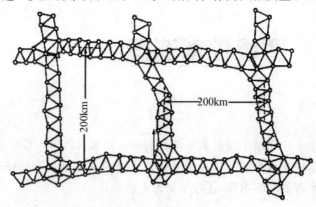

图 3-1　一等三角锁

在城市或厂矿等地区，为给城市及厂矿建设提供测量的依据和基准，在国家等级控制点的基础上，根据测区的大小、城市规划或施工测量的需要，布设不同等级的城市平面控制网，以供地形图测绘以及施工放样使用。城市平面控制网等级依次划分为二、三、四等，一、二级小三角或一、二、三级导线。各等级城市平面控制网根据城市的规模均可作

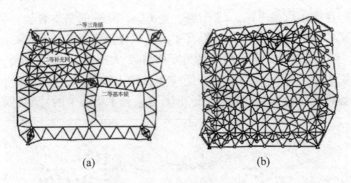

图 3-2　二等三角锁、网

制网，以供地形图测绘以及施工放样使用。城市平面控制网等级依次划分为二、三、四等，一、二级小三角或一、二、三级导线。各等级城市平面控制网根据城市的规模均可作为首级控制。

3.1.1.2　高程控制网

高程控制测量的方法有水准测量、三角高程测量和 GPS 控制测量。在全国领土范围内，按国家统一的规范测定高程的一系列水准点称为国家水准网。国家水准网按逐级控制、分级布设的原则分为一、二、三、四等。一等水准网是国家高程控制的骨干，沿地质构造稳定和平度平缓的交通线布满全国，构成网状，如图 3-3 所示。二等水准网是国家高程控制网的全面基础，一般沿铁路、公路或大江、大河进行布设，二等水准环线布设在一等水准环内。一、二等水准网采用精密水准测量。在一、二等水准网间用三、四等水准网加密，作为地形测量和各项工程建设的高程控制，以上总称为国家水准点。

图 3-3　国家一等水准网示意

《城市测量规范》将城市水准测量分为二、三、四等。各等级高程控制网均可作为首级高程控制，光电测距三角高程测量可代替四等水准测量。

3.1.2　2000 国家 GPS 大地控制网

我国自 2008 年 7 月 1 日起启用的 2000 国家大地坐标系（CGCS2000）由三个层次框架点

组成：第一层次：连续运行参考站，28 个点，是 CGCS2000 的基本骨架，精度毫米级。第二层次：2000 国家 GPS 大地控制网，2 500 多个点，精度厘米级，如图 3-4 所示。第三层次：全国天文大地网，约 5 万个点，大地经纬度精度 0.3m，大地高误差优于 0.5m。

随着 CORS 基站建设和 GPS-RTK 的广泛应用，用 RTK 进行控制测量时，由于其精度高、速度快、不受通视限制，完全能满足地形图测绘和工程施工的精度要求。

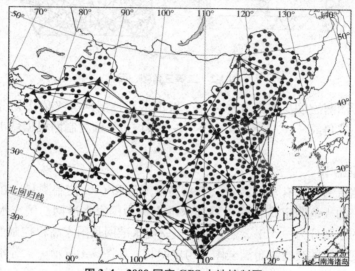

图 3-4 2000 国家 GPS 大地控制网

3.1.3 图根控制测量

在等级控制点的基础上直接以测图为目地建立的控制网，称为图根控制网，其控制点称为图根点，所进行的控制测量称为图根控制测量。图根控制测量分为图根平面控制测量和图根高程控制测量，平面控制点的布设可采用三角锁（网）、图根导线、GPS 测量方法，图根点的高程控制应用图根水准、图根光电测距三角高程或 GPS 测量方法测定。图根测量技术要求如下：

（1）图根光电测距导线测量的技术要求（表 3-1）

表 3-1 图根光电测距导线测量的技术要求

比例尺	附合导线长度(m)	平均边长(m)	导线相对闭合差	测回数	方位角闭合差(″)	测距	
						仪器类型	方法与测回数
1:500	900	80	≤1/4 000	1	≤±40$\sqrt{n}$	Ⅱ级	单程观测 1
1:1 000	1 800	150					
1:2 000	3 000	250					

注：n 为测站数。

（2）四等和图根水准测量所用仪器及线路主要技术和测站技术要求

《工程测量规范》规定，四等和图根水准测量所用仪器及线路主要技术和测站技术要求见表 3-2、表 3-3。

表 3-2   水准测量线路主要技术要求

等级	每千米高差全中误差(mm)	附合路线长度(km)	水准仪级别	水准尺	附和路线或环线闭合差(mm)	
					平地	山区
四等	≤10	16	DS3	双面	$20\sqrt{L}$	$6\sqrt{n}$
图根	≤20	5	DS10	—	$40\sqrt{L}$	$12\sqrt{n}$

注：L 为附和路线或环线的长度，均以"km"为单位。n 为测站数。

表 3-3   水准测量测站主要技术要求

等级	视线长度(m)	前后视距差(m)	前后视距差累计(m)	红黑面读数之差(mm)	红黑面高差之差(mm)	视线离地面最低高度(m)
四等	100	≤5.0	≤10.0	≤3.0	≤5.0	0.2
图根	100	—	—	—	—	—

（3）图根电磁波测距三角高程测量的主要技术要求

由于全站仪的普及，图根高程控制采用电磁波测距三角高程测量方法与图根平面控制和测量同步进行。因导线形式布点较灵活，控制网一般选择导线形式。图根电磁波测距三角高程起算点的精度不应低于四等水准点高程，边长数不应超过 12 条，垂直角应对向观测。《工程测量规范》规定图根电磁波测距三角高程测量的主要技术要求应符合表 3-4 的规定。

表 3-4   图根电磁波测距三角高程测量的主要技术要求

每千米高差全中误差(mm)	附合路线长度(km)	仪器精度等级	中丝法测回数	指标差较差(″)	垂直角较差(″)	对向观测高差较差(mm)	附合或环形闭合差(mm)
20	≤5	6″	2	25	25	$80\sqrt{D}$	$40\sqrt{\sum D}$

注：D 为电磁波测距边的长度(km)。

3.1.4   导线测量

所谓导线，是由相邻控制点连成的连续折线，控制点称为导线点。导线测量是依次测定各导线边的水平距离和两相邻导线边的水平夹角，再根据起算数据推算各边的坐标方位角，最后推算各导线点的平面坐标。

3.1.4.1   导线的形式

（1）闭合导线

如图 3-5（a）所示，导线从一个已知高级控制点 B 和已知方向 AB 出发，经过导线点 1、2、…后，又回到已知点 B 形成一个闭合多边形，称为闭合导线。它有三个检核条件，一个多边形内角和条件，以及两个坐标增量条件。

（2）附合导线

如图 3-5（b）所示，导线从一个已知控制点 B 和已知方向 AB 出发，经过导线点 1、2、…，最后附合到另一个已知点 C 和已知方向 CD，称为附合导线。它也有三个检核条件，一个坐标方位角条件以及两个坐标增量条件。

（3）支导线

如图 3-5（c）所示，导线从一个已知控制点 B 和已知方向 AB 出发，延伸出导线点 1、2、3，既不附合也不闭合于任何已知点，称为支导线。支导线没有检核条件，仅限于图根点加密时使用，且支导线点数不超过 3 个。

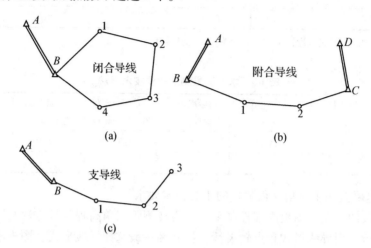

图 3-5 导线的布设形式

3.1.4.2 导线测量外业

导线测量的外业工作包括：踏勘选点、建立标志、测角与测边。

（1）踏勘选点及建立标志

在踏勘选点之前，应根据测量的目的、测区的大小以及测图比例尺来确定导线的等级，到有关部门收集测区原有地形图及高一等级控制点的成果资料，在地形图上初步设计导线布设路线，然后根据设计方案再到实地踏勘，根据测区实际情况最后确定导线点。

现场勘查选点时，应注意导线点位应选在土质坚硬且便于保存的地方；相邻导线点要通视良好，便于角度测量和距离测量；点位视野开阔，便于观测掌握的地物和地貌；同一等级的导线相邻边长相差不宜过大；导线点要分布均匀，便于控制整个测区。

导线点位置确定后，应按地面情况和保存时间长短做相应的标志。点位在泥土地面上，要打长约 40cm 的木桩，桩顶钉小钉；在碎石或沥青路面上，可用顶部有中心标志的测钉；在混凝土地面上，可用钢凿凿"十"字纹，再涂上红油漆使标志明显。若导线点需要长期保存，可埋设深度约 60cm 的混凝土标石。

为便于统一管理，导线点应分等级统一编号，并在点位附近地物的明显处做指示标记，再给每个导线点绘制一张点之记。如图 3-6 所示，点之记上要注记地名、路名、导线点编号以及导线点距临近地物点的距离。

（2）测角与测边

各观测量限差见表 3-1，针对 CASS 导线记录要求，全站仪一测站具体观测项目为：

①转折角（各导线点左转角） 用测回法测一个测回，半测回角值之差（≤20″）时，取平均值。

②垂直角 设置竖盘为天顶零，盘左观测值为 L，盘右观测值为 R，若（360° − R）与 L 较差 ≤25″，取二者平均值。

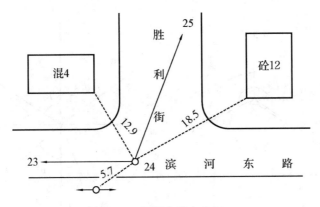

图 3-6 导线点的点之记

③斜距(仪器中心至棱镜中心) 与斜距同步各测站至下一站的斜距,单程观测 1 个测回,两次测距中误差≤15mm,若不超限,取其平均值。

④仪器高和棱镜高 精确至 1mm,测量斜距时同时测量。

若导线为独立坐标系统,则需先测定定向边的方位角和距离,由测站点的坐标推算定向点的坐标。

3.1.4.3 CASS 内业计算

(1)导线记录

打开 CASS,保存"∗.dwg"文件。单击"数据/导线记录",按顺序逐一输入外业测量数据,保存为"∗.sdx"格式。

(2)导线平差

单击"数据/导线平差",选择"∗.sdx"文件,按操作步骤可计算出各项闭合差。若不超限,可由软件平差计算出平差后坐标,保存为"∗.dat"格式。

(3)展点

单击"绘图处理/展野外测点点号",输入比例尺,在弹出的对话框中指定路径和文件名"∗.dat",即可在屏幕上展绘出各点。利用右侧屏幕菜单的"控制点/平面控制点"中相应符号进行注记,连接各相邻点,即可看到导线。

(4)查询抄录数据

打开"∗.sdx"文件,可查看测量数据保存格式;打开"∗.dat"文件,可查看平差后各导线点的坐标数据并抄录入导线记录表。

附合导线测量与计算方法与闭合导线相同,需注意测量水平角时要测量左转角,各数据要完整。布设支导线时,一定要注意定向准确,用已知点检核。

3.1.5 平面控制网的坐标推算

如图 3-7 所示,若 AB 两点的坐标已知,则可计算出 AB 的坐标方位角 α_{AB},再在 B 点安置全站仪测得水平角 $\beta_{左}$,和水平距离 D_{BC},便可计算出 C 点的坐标。

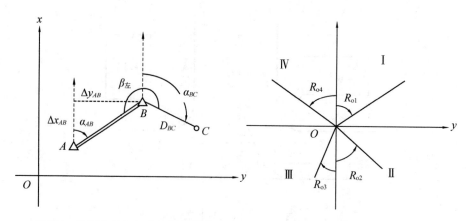

图 3-7　坐标方位角与坐标增量的关系　　　　图 3-8　直线方向与象限角

（1）坐标反算

由 A、B 两点的已知坐标计算 AB 直线的坐标方位角 α_{AB} 和距离，称为坐标反算。由图 3-8可知，边长 $A \rightarrow B$ 的坐标增量为：

$$\begin{cases} \Delta x_{AB} = x_B - x_A \\ \Delta y_{AB} = y_B - y_A \end{cases} \tag{3-1}$$

AB 的水平距离为：

$$D_{AB} = \sqrt{\Delta x_{AB}^2 + \Delta y_{AB}^2} \tag{3-2}$$

AB 直线的象限角 R_{AB} 按反正切函数计算得：

$$R_{AB} = \arctan \frac{\Delta y_{AB}}{\Delta x_{AB}} \tag{3-3}$$

（2）象限角换算为方位角

如图 3-8 所示，高斯平面直角坐标系的 x、y 轴将一个圆周划分为四个象限，从 x 轴的正方向或负方向顺时针或逆时针旋转至直线 AB 的水平夹角称为直线 AB 的象限角 R_{AB}，范围 $0° \sim \pm 90°$。直线方向不同，象限角 R_{AB} 与坐标方位角 α_{AB} 的换算也不同，其关系见表 3-5。

表 3-5　象限角与坐标方位角的关系

象限	坐标增量	关系
I	$\Delta x_{AB} > 0, \Delta y_{AB} > 0$	$\alpha_{AB} = R_{AB}$
II	$\Delta x_{AB} < 0, \Delta y_{AB} > 0$	$\alpha_{AB} = R_{AB} + 180°$
III	$\Delta x_{AB} < 0, \Delta y_{AB} < 0$	$\alpha_{AB} = R_{AB} + 180°$
IV	$\Delta x_{AB} > 0, \Delta y_{AB} < 0$	$\alpha_{AB} = R_{AB} + 360°$

（3）推算方位角

如图 3-7 所示，设测量方向为 $A \rightarrow B \rightarrow C$，直线 AB 的坐标方位角 α_{AB} 已求得，B 点的左转角 $\beta_{左}$ 也测出，则直线 BC 的坐标方位角 α_{BC} 可按式（3-4）推算，即

$$\alpha_{BC} = \alpha_{AB} + \beta_{左} - 180° \tag{3-4}$$

（4）坐标推算

根据 B 点坐标、直线 BC 的水平距离 D_{BC} 和坐标方位角 α_{BC}，按式（3-5）可推算 C 点的坐标。

$$\begin{cases} x_C = x_B + D_{BC}\cos\alpha_{BC} \\ y_C = y_B + D_{BC}\sin\alpha_{BC} \end{cases} \tag{3-5}$$

任务实施

一、平面坐标推算

1. 技能目标

①理解象限角，学会方位角与象限角的换算。

②学会坐标反算（通过两点坐标计算直线方向和距离）。

③学会推算方位角。

④学会坐标正算（通过直线方位角和距离推算坐标）。

2. 准备工作

（1）场地准备

理实一体教室。

（2）仪器和工具

每人：科学计算器 1 台。

3. 方法步骤

①参看表3-5，根据表3-6 中控制点 A、B 的坐标，计算 AB 直线的象限角，再换算为方位角。

②根据图3-9 提供数据，计算 $B1$ 直线的方位角。

③根据表3-6 和图3-9 相关数据，计算 1 点的坐标。

4. 递交资料（含计算过程）

①AB 直线的象限角和方位角。

②$B1$ 直线的方位角。

③1 点的坐标。

二、全站仪-CASS 图根控制测量

1. 技能目标

①学会选定导线点。

②掌握外业测量观测方法。

③掌握 CASS 内业导线记录与平差的方法。

2. 准备工作

（1）场地准备

实习基地（外业观测数据用项目 2 之任务实施相关数据）、理实一体实训室。

（2）仪器和工具

每人：计算机 1 台。

3. 方法步骤

(1)选点

已知高级控制点 *A*、*B* 的坐标，见表3-6。

表3-6　高级控制点 *A*、*B* 坐标

点号	北 *x*(m)	东 *y*(m)	高 *H*(m)	备注
A	210.746	198.871	789.029	定向点
B	200.000	200.000	789.000	测站点

如图3-9所示，根据实际情况，选定1、2、3为图根导线点，欲测定导线点1、2、3的坐标。在每个导线点周围选择3个明显地物点，量取至导线点的距离，绘制点之记。

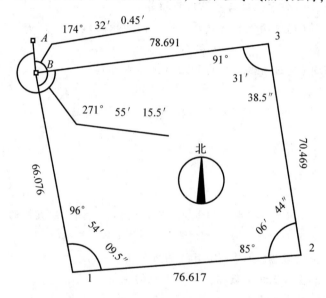

图3-9　导线测量观测水平角与斜距

将 *B* - 1 - 2 - 3 - *B* 看作闭合导线，*B* 点为起始站的测站点，*A* 点为起始站的定向点；因导线为闭合形式，*B* 点为终止站的测站点，*A* 点为终止站的定向点。

(2)测边与测角

观测项目见表3-7，观测步骤为：

①在 *B* 点安置全站仪，量取仪器高；在1点安置棱镜，量取棱镜高，该数据属测站 *B* 的观测项目；盘左、盘右分别观测 *B* 点仪器中心至1点棱镜中心的垂直角和斜距，记入任务2.3之任务实施(附表2)，若误差不超限，取平均值记入表3-7序号1对应栏。

②在 *B* 点用测回法一测回观测∠*AB*1，即导线起始时左转角，数据记入任务2.2之任务实施(附表1)，若误差不超限，取平均值记入表3-7序号1对应栏。

③同法，在 *B* 点观测∠3*BA*，即导线终止时左转角，记入表3-7序号5对应栏。

④将仪器安在1、2、3点，方法同步骤①②观测，数据记入表3-7序号2、3、4对应栏。

(3)内业计算

①整理数据　在项目2的任务实施中，已测得的水平角、垂直角、斜距、仪器高、棱镜高等数据，抄录见表3-7，故本次只学习 CASS 导线记录和导线平差。

表 3-7　导线测量外业观测记录表

序号	点名	左转角 （°　′　″）	垂直角 （°　′　″）	斜距 （m）	仪器高 （m）	棱镜高 （m）
1	B	174　32　04.5	90　10　23	66.067	1.414	1.424
2	1	96　54　09.5	90　06　23	76.617	1.413	1.393
3	2	85　06　44	89　48　57	70.469	1.381	1.400
4	3	91　31　38.5	85　54　01	78.691	1.393	1.424
5	B	271　55　15.5				

②计算角度闭合差和导线全长相对闭合差的限差。

图根导线测量角度闭合差限差为：

$$f_{\beta容} = \pm 40\sqrt{n} \quad (″) \tag{3-6}$$

式中　n——测站数。

因 AB 边用了两次，按六边形计算，$n = 6$，$f_{\beta容} = \pm 98″$。

电磁波测距图根导线全长相对闭合差的限差为 1/4 000。

③CASS 导线记录　打开 CASS，新建导线点绘图文件"导线 01.dwg"，指定保存路径；单击"数据/导线记录"，如图 3-10 所示，在弹出的"导线记录"对话框中单击 ⋯ 按钮，输入导线记录文件名"01.sdx"，指定保存路径。

输入起始点和终止点的测站点 x、y、H，定向点 x、y 坐标。该导线为闭合导线，因此，起始点和终止点的测站点均为 B，定向点均为 A。

图 3-10　导线记录

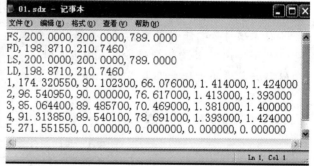

图 3-11　CASS 导线测量数据保存格式

按表 3-7 依次输入 B、1、2、3、B 的测量数据（左角、垂直角、斜距、仪器高、棱镜高）。输入结束后，点击"存盘退出"，即完成数据录入工作。数据保存格式如图 3-11 所示。

④CASS 导线平差　单击"数据/导线平差"，在弹出的对话框中指定路径和文件名"D:\马林\01.sdx"，软件自动计算出各项误差值，如图 3-12 所示。分别为角度闭合差 f_b、纵坐

标增量闭合差f_x、横坐标增量闭合差f_y、导线全长相对闭合差K，将其抄录至附表1。若误差不超限，单击"是"按钮，软件自动平差。指定保存路径和文件名"D:\马林\导线01.dat"，即可得导线点1、2、3的y、x、H值，如图3-13所示。

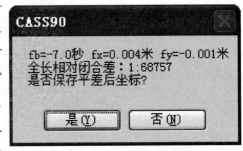

图3-12 CASS 导线误差

图中每行信息为"点号，y，x，H"，其中"0"号和"4"号数据均属已知点B；1、2、3号数据分别属导线点1、2、3。将点号"0"改为"B"；点号"4"的数据仍为B点的数据，可删除；按格式添加A点的坐标数据，修改后各点坐标数据如图3-14所示。将表中数据抄录至附表2。

图3-13 平差后各点坐标数据

图3-14 修改后各点坐标数据

（4）展点

单击"绘图处理/展野外测点点号"，输入比例尺，在弹出的对话框中指定路径和文件名"D:\马林\导线01.dat"，即可在屏幕上展绘出A、B、1、2、3点。

单击右侧屏幕菜单的"控制点/平面控制点"，单击"导线点"按钮，依次点取1、2、3点位，输入等级和点名。单击"小三角点"按钮，依次点取A、B点位，输入等级和点名。

连线$A-B-1-2-3-B$，即可看到导线图。图3-9已添加了水平角和斜距。

至此导线点1、2、3的坐标已计算完成，可抄录至图根点坐标表，见附表2。

4. 注意事项

①抄录项目2之任务实施中相关数据时，要细心。

②将图3-14中的坐标数据抄录入附表2时，要注意x、y的顺序相反。

③将计算出的坐标数据文件"＊.dat"及图形文件"＊.dwg"保存在自带U盘。

5. 记录格式

记录格式见附表1、附表2。

附表1 导线闭合差及限差

	闭合差	限差
角度闭合差f_b（″）		
纵坐标增量闭合差f_x（m）		
纵坐标增量闭合差f_y（m）		
导线全长相对闭合差K		

附表 2 图根点坐标

点号	$x(\text{m})$	$y(\text{m})$	$H(\text{m})$	位置	备注
B					已知
A					已知
1					
2					
3					

6. 递交资料

①导线闭合差表(附表1)。

②图根点坐标表(附表2)。

③图根点点之记。

④操作步骤。

⑤现场照片及录像。

三、RTK 图根控制测量

1. 技能目标

①学会选定图根点。

②学会使用 RTK 进行控制测量。

2. 准备工作

(1)场地准备

实习基地、理实一体教室。

(2)仪器和工具

每组:RTK1 台套。

3. 方法步骤

参考任务 2.1 之任务实施六的方法步骤。

4. 递交资料

①图根点坐标表(附表2)。

②图根点点之记。

③操作步骤。

④现场照片及录像。

 拓展知识

1. 国家平面控制网、国家水准网、国家 GPS 控制网。

2. 各地 CORS 站设置及应用。

3. 图根控制测量技术指标。

 巩固训练项目

1. 全站仪导线测量与记录。

2. CASS 导线记录与平差计算。

思考与练习

1. 选择导线点时考虑哪些因素?
2. 针对 CASS 内业计算,导线外业测量项目有哪些?

相关链接

1. (CJJ 8—2011)《城市测量规范》.
2. (GB 50026—2007)《工程测量规范》.
3. (DZ/T 0034—1992)《光电测距高程导线测量规范》.
4. (CH/T 2007—2001)《三四等导线测量规范》.
5. (CH/T 1022—2010)《平面控制测量成果质量检验技术规程》.

任务 3.2 大比例尺数字化测图

任务目标

通过本任务的学习,要求学生掌握全站仪进行碎部测量(数据采集)的方法;初步掌握 GPS-RTK 以及 GIStar 进行碎部测量(数据采集)的方法;掌握数据传输、CASS 成图与输出的方法。

任务描述

本任务将从园林类专业要求地形图详细、精度高、比例尺大等特点出发,以实习任务为主线,系统性地学习全站仪野外数据采集、CASS 数据处理与图形文件的生成、地形图与测量成果输出的大比例尺数字化测图的方法。

知识准备

数字化测图是对利用全站仪、全球定位系统接收机等仪器采集的数据及其编码,通过计算机图形处理而自动生成以数字形式存储在计算机存储介质上的地形图的方法。根据采集数据的手段不同,可以分为地面数字测图、数字摄影测量和地形图数字化 3 种。

地面数字化测图基本硬件包括:全站仪、全球定位系统接收机、计算机和绘图仪等。软件基本功能主要有:野外数据的采集和传输、数据处理、图形文件生成、等高线生成、图形编辑与注记、地形图自动绘制。

3.2.1 全站仪数据采集

园林类专业主要任务之一是规划设计,而规划区原有地形图是设计所需重要资料,应具有现势性。随着城镇化改造的快速发展,收集的原有地形图很可能已无多大利用价值,必须重新测绘。中小园林用地一般测区面积不大,要求精度高、反映地物地貌详细,比例尺大,由于全站仪数据采集时精度高,避免了 GPS 在建筑密集区受卫星信号的限制,是大比例尺地形图测绘的首选仪器。

3.2.1.1 准备工作

在测图前应做好下列准备工作：①编写技术设计书；②抄录所需用的控制点的平面及高程成果及相关资料；③检查和校正仪器；④准备工作草图、展绘控制点；⑤踏勘了解测区的地形情况、控制点的位置及完好情况；⑥拟订作业计划。

解析图根点数量要参照表 3-8《工程测量规范》（GB 50026—2007）之规定，不足时应增补测站点。

表 3-8 一般地区解析图根点的数量

测图比例尺	图幅尺寸(cm)	解析图根点数量(个)	
		全站仪测图	GPS-RTK 测图
1:500	50×50	2	1
1:1 000	50×50	3	1~2
1:2 000	50×50	4	2
1:5 000	40×40	6	3

在准备工作草图时，如果测区有相同比例尺的旧图，可以直接作为工作草图；如果只有相近比例尺的地图，可以利用旧图或影像图并适当放大复制，裁成合适的大小作为工作草图；在这种情况下，作业员可先进行测区调查，实地对照将变化的地物反映在草图上，同时标出控制点的位置，这种工作草图也起到工作计划图的作用。如果没有合适的底图作为工作草图，可在印有坐标格网的图纸上标出控制点位置或利用 AutoCAD 绘制带控制点的坐标格网作为工作草图。

3.2.1.2 全站仪野外数据采集

全站仪测图的方法，可采用编码法、草图法或内外业一体化的实时成图法。草图法是实际作业中较实用的方法，首先野外测量碎部点的坐标并配以点号一起将数据存储在全站仪内，同时在草图上标注测点点号、连接关系及地物属性，然后将野外测量的数据传入计算机，在室内参考草图按规定符号进行绘图。草图法由于在工作草图上表示属性和连接关系，使采集工作比较直观，可以根据草图安排路线，及时发现漏测点。工作程序为：

（1）测区的划分

数字化测图由于不受图幅限制，在划分测区时不再以图幅为界，而是以道路、河流、山脊等为界，以自然地块分区测绘，并测出区域界线外图上 5mm。

（2）人员安排

一个作业小组，一般配备观测员 1 人、绘图员 1 人、跑尺员 1~2 人。根据地形情况，跑尺员可以为 1 人或多人。绘图员负责绘工作草图和室内成图，是核心成员。在作业中要注意检查全站仪内存与草图上的点号保持一致性。

（3）碎部点的确定

地形图测绘外业工作的实质是测量地物地貌特征点的位置，为保证测图质量，选取碎部点时要注意位置和数量，做到准确、够用。依比例的矩形地物，一种方法是测出一条边线的 2 个角点，再量出另一边的长度；另一种方法是测出 3 个角点，计算机均能自动计算并绘图。房屋的附属建筑（如台阶、凉台等）不实测，而是按垂线法以计算机计算出转点坐标；依比例的双线地物（如道路、河流等），要选择两边线特征点；半比例的单线地物（铁路、小路等）要选择中心线特征点；无法定圆心的圆状地物应选择圆周上大致均匀分布的3点，较小的也可选择对径方向的2点；对于有方位的独立地物，应选中心点两侧的对应2点，以绘图时确定地物中心和符号方位；曲线段选择起点、终点和大致中间点；在选择地貌特征点时，点位和数量要能如实反映地面起伏情况并且保证图上高程注记点的分布位置和密度。

（4）设站施测

设站施测即在图根点安置全站仪，测量地物地貌特征点的三维坐标，具体操作方法将在任务实施中详细介绍。为了保证测量精度，全站仪测图的测距长度不应超过表3-9《工程测量规范》（GB 50026—2007）的规定。

表3-9　全站仪测图的最大测距长度

比例尺	最大测距长度（m）	
	地物点	地形点
1:500	160	300
1:1 000	300	500
1:2 000	450	700
1:5 000	700	1 000

3.2.2　数据传输

一个测站的数据采集结束后，要将全站仪所测的坐标数据文件及时传输到计算机。首先连接全站仪与计算机；在全站仪上设置参数；在计算机上打开CASS，设置与全站仪一致的参数，选择要传输的文件按提示步骤操作即可。具体方法在任务实施中学习。

3.2.3　CASS内业绘图、整饰及输出

首先进行展点；然后参考草图，利用CASS的右侧屏幕菜单绘制地物符号，并对部分地物进行注记；再利用下拉菜单"等高线"绘制等高线，对穿越地物和注记的等高线进行修剪。

利用下拉菜单"文件/CASS参数配置"设置图廓属性，利用下拉菜单"绘图处理"选择图幅大小并设置图幅。

连接绘图仪与计算机，在绘图仪上安放合适尺寸的绘图纸，按提示设置绘图仪；利用"文件/绘图输出/页面设置"进行图形文件的页面设置，预览无误后可打印输出。

将外业数据采集文件"＊.dat"和所绘的图形文件"＊.dwg"保存在自带U盘。

任务实施

一、全站仪-CASS草图法测绘地形图

1．技能目标

①学会选择取舍地物地貌特征点。

②掌握全站仪外业数据采集的方法。

③掌握数据传输、CASS绘图、整饰及打印输出的方法。

2. 准备工作

(1)场地准备

实习基地、理实一体实训室。

(2)仪器和工具

每组：全站仪1台、单棱镜+对中杆2套、皮尺1、数据传输线1根、遮阳伞1把、草图若干。

每人：计算机1台。

3. 方法步骤

(1)准备工作

收集控制点资料，填入附表1，并与实地对照、检校仪器、准备工作草图(见任务2.5之附表)、展绘控制点。

(2)测区划分

将实习基地以马路为界划分若干小组，使每组有2~3个控制点和适当测图区域。

(3)人员安排

每组3~5人：观测员操作仪器，绘图员负责绘工作草图及指挥跑尺顺序、核对草图与仪器点号是否一致，跑尺员根据地形情况科学高效跑尺。

为保证学生掌握数据采集的全面技能，要求交换工种反复练习。

(4)碎部点的确定

站在各测站点，仔细观察、认真分析各地物地貌特征点的最佳观测站点，无法观测的点可用支距法、距离交会法或由其他组配合观测，要做到不遗漏、不多余。

(5)设站施测

按照任务2.5操作步骤，在测站点安置全站仪，设置参数、输入数据采集文件名、输入测站点信息、输入后视点信息瞄准后视点进行定向测量。为保证精度避免出错，需用已知点进行检核。

以小组为单位轮岗作业，进行碎部点数据采集。绘图员指挥跑点顺序，同时在工作草图上标出碎部点的位置、点号、属性及连接关系等；跑尺员依次到地物地貌特征点立尺；观测员操作全站仪，进行坐标数据采集。

对一个测站要仔细观察，确实无遗漏后，再次进行定向检查，确认无误后正常关机，并将数据及时传输到计算机存储器中。

(6)数据传输(全站仪操作部分)

①设置全站仪通讯参数　在全站仪开机后，用传输线连接全站仪和计算机，参看图3-15，依次点按"菜单→存储管理→数据传输→通讯参数"，则打开如图3-15(d)所示界面，依次设置通讯参数。

②选择传输文件　返回图3-15(c)界面依次点按"数据传输→发送数据→坐标文件"，打开如图3-16(a)所示界面，选择要传输的坐标数据文件，如"ML01"，出现图3-16(b)界面。

菜单 1/3	存储管理 3/3	数据传输	通讯参数
F1：数据采集	F1：数据传输	F1：发送数据	F1：波特率
F2：放样	F2：初始化	F2：接收数据	F2：通讯协议
F3：存储管理 P1↓	P1↓	F3：通讯参数	F3：字符/校验
(a)	(b)	(c)	(d)

图 3-15 设置全站仪通讯参数

选择一个文件	发送坐标数据
FN： ML01	>OK?
输入 调用 回车	—— —— [是] [否]
(a)	(b)

图 3-16 选择传输文件

（7）数据传输（计算机操作部分）

①新建绘图文件 双击计算机桌面上的 CASS9.1 图标，新建绘图文件并指定保存路径，如"D:\马林\林院前院.dwg"。

②设置 CASS 通讯参数 在 CASS 界面单击菜单"数据/读全站仪数据"，弹出"全站仪内存数据转换"对话框，如图 3-17 所示。根据全站仪型号在"仪器"右侧的下拉菜单中选取对应型号；勾选"联机"复选框；选择与全站仪一致的波特率、数据位、校验，选择合适的通讯口。

③保存坐标数据文件 在图 3-17 对话框中，单击"CASS 坐标文件"右侧的选择文件按钮，在弹出的"输入 CASS 坐标数据文件名"对话框中，输入由全站仪传输到计算机的坐标数据的完整路径和文件名，如："D:\马林\林院前院01.dat"；单击保存按钮，弹出如图 3-18 对话框；单击转换按钮，弹出如图 3-19 界面，按提示操作便可将全站仪发送的坐标数据保存在计算机坐标数据文件"D:\马林\林院前院01.dat"中。

图 3-17 设置通讯参数

图 3-18 输入保存路径和文件名

图 3-19 数据传输确认界面

（8）展点

参考任务 2.6 之任务实施中展点步骤，在屏幕上可看到各地物点的位置，对照草图检查，是否转向，有无遗漏等，若与草图不符，应重测。

各组检查无误后，互相拷贝坐标数据文件"＊.dat"。因共用一个坐标系，将各组坐标数据文件合并到一个文件。

（9）绘图

参考草图，利用右侧地物绘制菜单选择相应的符号绘制地物和等高线。绘制顺序为：

①路边线、围墙等线状符号。

②建筑物、草坪、花坛、喷泉等面状符号。

③井盖、路灯、电线杆、雕塑、大树等点状符号。

④对于等距离点状符号，如成行树，按点状符号先绘出最外侧两棵树，然后单击"地物编辑/符号等分内插"，输入中间数量即可。

（10）整饰

参考任务2.6之任务实施中的"整饰"步骤，进行图廓属性设置并加图框。

（11）打印输出

①用数据线连接绘图仪与计算机，认清绘图仪型号，根据图幅大小放入合适的图纸。在绘图仪上按提示操作，做好打印准备。

②单击"文件/绘图输出/页面设置"，在弹出的"页面设置管理器"对话框中，单击 修改 按钮，显示如图3-20"页面设置"对话框，选择打印机型号和图纸尺寸。

③在"打印范围"下拉列表中选"窗口"，或单击 窗口 按钮，框选打印范围。

④在"打印偏移"选项中可以选"居中"按钮。

⑤在"打印比例"框中，不勾选"布满图纸"，在"比例"下方选择"1 毫米 = __ 单位"时，输入"0.1×M"，M为比例尺分母。如比例尺为1:500，则输入0.5，即1mm = 0.5 图形单位。

⑥在"图形方向"框中交替选择"纵向"或"横向"，选择合适的图形方向。在图3-20的中部，图纸尺寸如果出现红线条，可能图形方向不对，调整后仍出现红线条，说明图纸尺寸偏小，需重新设置或改变图纸尺寸。

⑦单击 预览 按钮，查看效果，满意后单击 确定 按钮，关闭"页面设置"对话框。

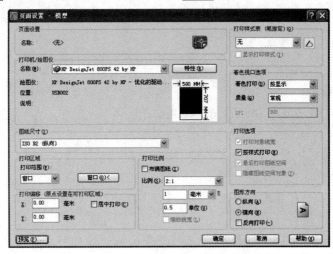

图3-20　"页面设置"对话框

⑧单击"文件/绘图输出/打印",再次单击预览按钮,确认无误后,单击打印按钮,绘图仪接收信息,便可打印出图。若再打印同一幅图,可在绘图仪上操作。

4. 注意事项

①外业测量时注意勿碰动仪器,若不小心碰动仪器,要重新对中整平定向。

②因视线限制,棱镜高改变时要及时在仪器中修改。

③草图要绘制准确,并经常与仪器中的点号核对,注意保存草图。

④观测结束要检查定向,无误后正常关机。及时将采集的数据传输到计算机,并做好备份。

5. 记录格式

记录格式见附表1。

附表1 图根点坐标

点号	$x(\mathrm{m})$	$y(\mathrm{m})$	$H(\mathrm{m})$	位置	备注

6. 递交资料

①草图。

②图根点坐标表。

③电子版坐标数据文件"＊.dat"。

④电子版图形文件"＊.dwg"。

⑤操作步骤。

⑥现场照片、录像。

二、GPS-RTK 以及 GIStar(数据采集)

1. 技能目标

①学会用 GPS-RTK 及 GIStar 进行碎部测量(数据采集)。

②学会将数据导入计算机。

2. 准备工作

(1)场地准备

实习基地、理实一体实训室。

(2)仪器和工具

每组:GPS-RTK1 台套、GIStar1 台、草图若干。

每人:计算机 1 台。

3. 方法步骤

(1)参数校正

应用本任务实施一收集的控制点资料,进行 GPS-RTK 及 GIStar 参数校正。

(2)碎部测量

各组人员使用 GPS-RTK 及 GIStar 轮流对任务实施一的碎部点进行数据采集,操作方法参考任务2.1之任务实施六、任务实施八。

（3）数据导入

各组将采集的数据传输到计算机，并与全站仪（任务 3.2 之任务实施一）所测图形进行比对，分析优缺点。

4. 递交资料

①草图。

②电子版坐标数据文件"＊.dat"。

③电子版图形文件"＊.dwg"。

④操作步骤。

⑤现场照片、录像。

⑥全站仪、GPS-RTK 及 GIStar 数据采集的优缺点。

 拓展知识

1. 南方测绘：《CASS 用户手册》《CASS 参考手册》。

2. 南方测绘：《GPS-RTK 操作手册》《GIStar 操作手册》。

3. 南方测绘、拓普康、索佳、徕卡、柯利达等品牌全站仪性能。

 巩固训练项目

1. 全站仪数据采集。

2. GPS-RTK 及 GIStar 数据采集。

3. CASS 绘图与整饰。

 思考与练习

1. 全站仪与计算机数据传输时通讯参数如何设置？

2. 数字化内业绘图时展点有哪几步？

 相关链接

1.（GB/T 20257.1—2007）《国家基本比例尺地图图式第一部分：1∶500、1∶1 000、1∶2 000 地形图图式》.

2.（GB/T 17278—2009）《数字地形图产品基本要求》.

3.（TD/T 1001—2012）《地籍调查规程》.

4.（TD/T 1008—2007）《土地勘测定界规程》.

5.（GB 50026—2007）《工程测量规范》.

6.（CH/T 1031—2012）《新农村建设测量与制图规范》.

7.（CH/T 1020—2010）《1∶500、1∶1 000、1∶2 000 地形图质量检验技术规程》.

8.（GB/T 17941—2008）《数字测绘成果质量要求》.

9.（GB/T 18316—2008）《数字测绘成果质量检查与验收》.

项目4　地形图应用

学习目标

☞ **知识目标**　1. 理解解析法测算面积的方法。

2. 理解水库汇水周界。

3. 理解数字地面模型和数字高程模型。

☞ **技能目标**　1. 学会在地形图上求算点的平面直角坐标和高程。

2. 学会在地形图上求算两点水平距离、斜距以及曲线距离。

3. 学会在地形图上求算直线方向和地面坡度。

4. 学会在地形图上按指定方向绘制纵断面图。

5. 学会用图解法、电子求积仪、CAD 法测算纸质地形图上图形面积，学会计算倾斜面积。

6. 学会地形图实地定向、定点，能对照读图和更新填图。

7. 学会在数字地形图上查询指定点坐标、两点间距离和方位、线长、实体面积和计算表面积。

8. 学会在数字地形图上进行土方计算和绘制断面图。

任务4.1　纸质地形图应用

任务目标

通过本任务的学习，要求学会在纸质地形图上量算点的平面直角坐标和高程、两点间直线或曲线距离、直线方向、地面坡度、投影面积、斜坡面积；能在地形图上确定汇水周界、绘制断面图；能利用地形图确定场地平整时的填挖边界和土方量计算。学会地形图实地定向、定点，能对照读图和更新填图。

任务描述

本任务通过求算点、线、面的数据，学习在纸质地形图上测算点的平面直角坐标和高程、两点间直线或曲线距离、直线方向、地面坡度、投影面积、斜坡面积；学习在地形图上设计等坡线、确定汇水周界、绘制断面图以及在土地平整中的应用；学习地形图实地定向、定点、对照读图和更新填图。

知识准备

4.1.1　求算点的平面直角坐标

4.1.1.1　图解法

如图 4-1 所示，B 点纵坐标为 4 193km 加 Bm 水平距离，B 点横坐标为 38 392km 加 Bp 水平距离，计算公式为：

$$\begin{cases} x_B = x_A + l_{Bm} \times M \\ y_B = y_A + l_{Bp} \times M \end{cases} \quad (4\text{-}1)$$

也可用三棱尺相应比例代替卡规直接量取不足 1km 的小数。

4.1.1.2　按比例计算

若要精确计算点的坐标，就必须考虑图纸伸缩引起的坐标量算误差。计算公式为：

$$\begin{cases} x_B = x_A + \dfrac{l_{Bm}}{l_{mn}}(x_n - x_m) \\ y_B = y_A + \dfrac{l_{Bp}}{l_{pq}}(y_q - y_p) \end{cases} \quad (4\text{-}2)$$

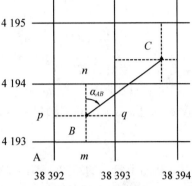

图 4-1　点位坐标的量算

式（4-1）、式（4-2）中 M 为比例尺分母，l_{Bm}、l_{Bp}、l_{mn}、l_{pq} 为图上量取长度。

4.1.2　量算点的高程

①点在等高线上，则该点高程等于所在等高线高程。

②点在两条等高线之间，按平距与高差的比例关系计算。如图 4-2 中的 F 点，计算公式为：

$$H_F = H_m + \dfrac{l_{mF}}{l_{mn}} \times h \quad (4\text{-}3)$$

式中　h——等高距。

实际应用中，可根据上述原理目估 F 点的高程。

③点在山顶，等于点旁最高等高线的高程，加上 1/2 基本等高距。

④点在凹地，等于点旁最低等高线的高程，减去 1/2 基本等高距。

⑤点在鞍部，可按组成鞍部的一对山谷最高等高线的高程，再加上半个等高距；或以另一对山头最低等高线的高程，减去半个等高距。

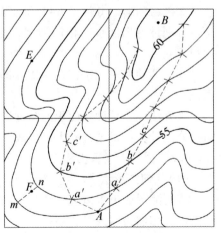

图 4-2　地形图截图

4.1.3　地面坡度及倾斜距离

4.1.3.1　地面坡度

如图4-3所示，量得图4-2中 mn 间水平距离为 D ，根据两点高程计算出两点间的高差 h 。两点间坡度可按式（4-4）计算：

$$i = \frac{h}{D} \times 100\% \quad \text{或} \quad \alpha = \arctan\frac{h}{D} \qquad (4\text{-}4)$$

4.1.3.2　倾斜距离

如图4-3所示，若 mn 间水平距离为 D ，高差 h ，坡度 α 均已知，则 mn 间倾斜距离 D' 可按式（4-5）计算：

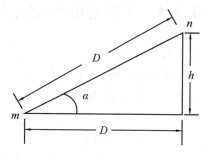

图4-3　量测斜距

$$D' = \sqrt{D^2 + h^2} \quad \text{或} \quad D' = \frac{D}{\cos\alpha} \qquad (4\text{-}5)$$

从图上量测的距离，不论是直线距离还是曲线距离，都是两点间的水平距离。但地形的起伏会使实际距离拉长。一般应用时可按平坦地区加 10%～15% ，丘陵地区加15%～20% ，山地加 20%～30% 参考计算。

4.1.4　量算面积

4.1.4.1　解析法求算面积

如图4-4所示，当图形边界为多边形 $ABCD$ 各顶点坐标已求得，可用解析法求得面积。其方法为：

①先将图形划分为 $B'BCC'$ 和 $C'CDD'$ 两个梯形，根据坐标分别计算出面积，相加为闭合多边形 $B'BCDD'$ 的总面积 S_1 。

②再将图形划分为 $B'BAA'$ 和 $A'ADD'$ 两个梯形，根据坐标分别计算出面积，相加为闭合多边形 $B'BADD'$ 的总面积 S_2 。

③上两项结果相减（ $S_1 - S_2$ ）即得多边形 $ABCD$ 的面积。

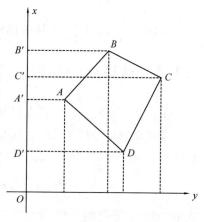

图4-4　解析法面积求算

该方法优点是计算面积的精度高。若图形边数较多，需按公式计算，繁琐且易出错，故要求对计算方法理解即可。

4.1.4.2　图解法求算面积

（1）几何图形法

若所测图形为多边形，则可将图形分解为若干个三角形和梯形，量测各三角形和梯形的面积，相加为多边形的面积。

（2）透明方格纸法

若所测图形较小，其边线是不规则的曲线，可用透明方格膜片测算，如图4-5所示，量算公式为：

$$S = \left(\frac{d \cdot M}{1000}\right)^2 \times \left(n_1 + \frac{1}{2}n_2\right) \tag{4-6}$$

式中　d——方格边长，mm；

　　　M——比例尺分母；

　　　$S = \left(\frac{d \cdot M}{1\,000}\right)^2$——1方格代表实地面积，$m^2$；

　　　n_1——图形内的完整方格数；

　　　n_2——不完整的方格数，需折半计算。

（3）网点法

如图4-6所示，网点法与方格法统计方法与计算公式相同。在统计网点数时，图形边界线内完整网点数为 n_1，压线的网点数 n_2；d 为网点间距，单位 mm。

透明方格纸法和网点法简单易操作，量测小图班和狭长图形面积的精度比求积仪高。

（4）平行线法

若所测图形较小，其边线是不规则的曲线，也可用透明平行线膜片，如图4-7所示，其原理是将图形分割成若干个梯形，分别计算面积再取和，计算公式为：

$$S = h(L_1 + L_2 + \cdots + L_n)\frac{1}{M^2} = \frac{h}{M^2}\sum_{i=1}^{n} L_i \tag{4-7}$$

式中　h——平行线间距，mm；

　　　L_i——各段平行线长度，mm；

　　　M——比例尺分母。

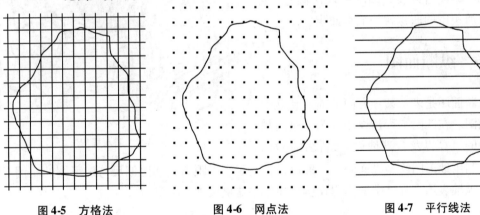

图4-5　方格法　　　　　图4-6　网点法　　　　　图4-7　平行线法

4.1.4.3　电子求积仪测算面积

求积仪是专门供纸质图上测算面积的仪器，其优点是操作简便、速度快、适用于面状任意曲线图形的面积量算，并能保证一定的精度。电子求积仪（图4-13）可以操作按键设置比例尺大小、重复测量求平均面积、进行若干小面积的累计，且以数字形式显示结果。电子求积仪的量测误差一般≤1/1 000，使用方法在任务实施中介绍。

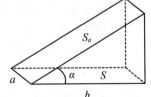

图4-8　量测斜坡面积

4.1.4.4　斜坡面积

如图4-8为一段坡度均匀的斜坡，其水平投影面积为 $S =$

$a \times b$；斜坡坡度为 α；斜坡面积为 S_a。若量算出水平投影面积和斜坡坡度，则可按式（4-8）计算斜坡面积：

$$S_a = \frac{S}{\cos\alpha} \tag{4-8}$$

在实际中一定区域内自然地面坡度通常不一致，因草坪种植、造林绿化等工作中需要知道其面积。则可依据图上等高线的疏密，把该地区划分为若干相同坡度分区，分别量出各分区的坡度和水平面积，或量出全区的平均坡度和水平面积，然后根据倾斜面与水平面的关系，计算倾斜面的面积。

4.1.5   水库汇水周界与汇水面积

在修筑道路时需建造桥梁或涵洞、修建水库时需设计水坝的高度，以及流域治理等工程建设中均需要知道有多大面积的雨水往河流或谷地汇集，这个区域称为汇水面积。降水时山地的雨水是从山脊向两侧分流的，所以山脊线就是地面上的分水线。汇水周界是由一系列的分水线连接而成的，即从地形图上设计的坝址的一端开始，沿着分水线经过一系列相邻山顶和鞍部到坝址的另一端而形成的一条闭合曲线，如图 4-9 中虚线。汇水周界所包围的面积就是汇水面积。

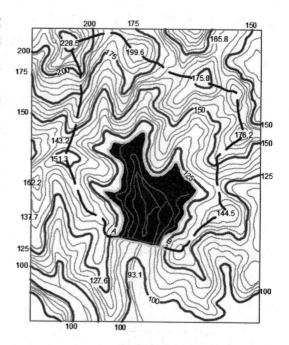

图 4-9   汇水周界

4.1.6   纵断面图

纵断面图是表示某一方向地面起伏状况的剖面图。在线路工程建设中，为了进行填挖方量的概算以及合理地设计线路的纵坡，都需要利用地形图绘制纵面图。一般以横轴表示水平距离，其比例尺与地形图的比例尺相同；以纵轴表示高程，一般高程比例尺比水平比例尺大 10~20 倍。

4.1.7   地形图野外应用

实际工作中，常需要利用地形图进行实地地形分析和资源调查等。因此，根据调查地区的位置范围及调查的任务，在调查前应了解该区域地貌、气候、土壤、植被等地理环境以及社会经济状况，应准备该区域近期适用比例尺的地形图、控制点资料等。

整理分析收集的资料，编写设计方案、人员及路线安排，列出所需的仪器、工具和材料等。和应用前须制订周密计划，如时间、人员和经费等。

到实地工作时，应首先进行地形图定向和定点，使地形图方向与实地一致，并且明确站立点的位置，方可进行对照读图和填图更新等。

任务实施

一、纸质地形图的室内应用(1)——求算坐标、距离、方向、坡度及绘制断面图

1. 技能目标

①学会在地形图上求算点的平面直角坐标和高程。

②学会在地形图上求算两点水平距离、斜距以及曲线距离。

③学会在地形图上求算直线方向和地面坡度。

④学会在地形图上按指定方向绘制纵断面图。

2. 准备工作

(1)场地准备

理实一体教室。

(2)仪器、工具和资料

1:10 000 比例尺地形图、地质罗盘仪、圆规、透明纸。

3. 方法步骤

准备工作：①在 1:10 000 比例尺地形图上选择坡上、坡下两点 P、Q 并连线，选择一段曲线道路 MN。②如图 4-10 所示，比例尺 1:1 000，连接 A、B、C、D 成闭合四边形。

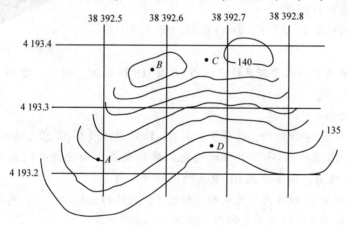

图 4-10　地形图截图

(1)求点的平面直角坐标

①用图解法量算 1:10 000 比例尺地形图上 P、Q 的平面直角坐标。

②按式(4-2)计算(图 4-10)中 A、B、C、D 的平面直角坐标点。

(2)求点的高程

①求图 4-10 中 A、B、C、D 各点的高程。

②求 1:10 000 比例尺地形图上 P、Q 各点的高程。

(3)求算两点直线距离

①图解法　量测 1:10 000 比例尺地形图所选 P、Q 两点距离。

方法一：用两脚规卡取 PQ 线段长度，再在直线比例尺上比量。

方法二：用三棱尺对应比例直接量取 PQ 水平距离。

方法三：用直尺量出线段长度 l_{PQ}，再乘以比例尺分母 10 000，得水平距离。

上述 3 种方法均要量取两次，相对误差小于 1/100 时，取平均值。

②解析法求算两点直线距离　根据前面所算 A、B、C、D 的坐标按式(3-2)计算 AB、CD 的水平距离。

若两点距离较长或不在同一幅图上，或考虑图纸伸缩的影响，选择用坐标计算距离，精度较高。

(4)求两点曲线距离

①用细绳量测　用一伸缩变形很小的线绳，在 1:10 000 比例尺地形图上沿曲线道路 MN 的走向放平使其与曲线吻合，做出始末两端标记，拉直后量，用图解法测算其长度。

②用地质罗盘仪量测　如图 4-11 为五一式 DQL-4 地质罗盘仪，齿轮沿曲线滚动时，指针可指示所测曲线距离。

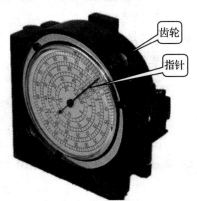

图 4-11　地质罗盘仪

量测上述道路 MN 曲线距离的操作步骤为：先将红色指针归零，手握仪器，把齿轮轻放在曲线起点上，沿所量取的曲线向前滚动至终点，根据指针在比例尺上所指的刻划，直接读出曲线距离。如果图纸比例尺与罗盘仪上的比例尺不同，需换算。

(5)求算两点倾斜距离

①根据前面所求 A、B、C、D 的高程，计算 AB 及 CD 的高差 h。

②根据 AB 的高差和水平距离按式(4-5)计算 AB 的斜距；同法，根据 CD 的高差和水平距离计算 CD 斜距。

(6)求直线方向

①图解法　如图 4-10 所示，将量角器的 0°~180° 直径线与 38 392.5km 坐标纵线重合，量角器圆心位于 AB 直线与 38 392.5km 坐标纵线的交点，由坐标纵线北端起顺时针读取 AB 直线的坐标方位角；同法量测 BC 直线的坐标方位角。

用图解法量测 1:10 000 比例尺地形图所选 PQ 直线的坐标方位角，再利用图下方的三北关系图换算直线 PQ 的磁方位角和真方位角。

②解析法　先根据 A、B 的坐标按式(3-3)计算 AB 直线的象限角，再参考表 3-5 换算为坐标方位角。

(7)求地面坡度

①按公式计算　按式(4-2)计算(图 4-10)AB 及 CD 的坡度，计算 1:10 000 比例尺地形图所选 PQ 直线坡度。

②用坡度尺比量　如图 4-12(a)所示，先用两脚规卡取 A、B 间的长度，然后在坡度尺上与量取相邻两条等高线所用坡度线比量，读取图中 AB 间坡度。

如图 4-12(b)所示，先用两脚规卡取 C、D 间的长度，因 C、D 为相邻 6 条等高线，在坡度尺上与量取相邻 6 条等高线所用坡度线比量，读取图中 CD 间坡度。

参照上述方法，选取 1:10 000 比例尺地形图上不同区域量测坡度，进行比较。要注意卡量的等高线条数要与在坡度尺上比量的条数一致。

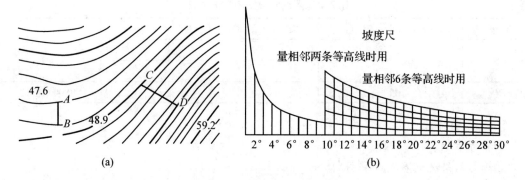

图 4-12　用坡度尺比量坡度

（8）按指定方向绘制纵断面图

如图 4-13 为比例尺为 1：2 000 的地形图截图，欲绘制 AB 方向以水平距离比例 1：2 000，高程比例 1：100 的纵断面图，操作步骤为：

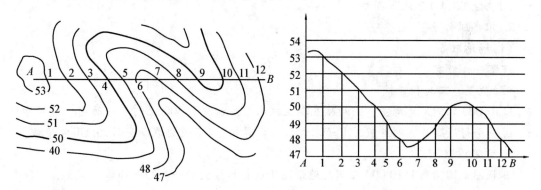

图 4-13　绘制纵断面图

①在透明纸上绘制坐标轴，横轴比例 1：2 000；纵轴比例 1：100，且在纵轴上注明与图上等高线对应的高程，按基本等高距作与横轴平行且间距相等的平行线。

②将透明纸坐标轴的原点对准图上 A 点，横轴与图上 AB 直线重合，在透明纸上平行线与图纸上高程相等的等高线相交处做标记。

③过每个标记点作横轴的垂线，垂线长度与平行线的高程标注一致。

④AB 直线穿越山头和山谷时，根据等高距判断最高点和最低点的高程。

⑤与圆滑的曲线连接各垂线顶点，即为 AB 方向的纵断图。

4. 记录格式

记录格式见附表 1、附表 2。

附表 1　坐标测算记录表

项目	图 4-10 测算结果				1：10 000 比例尺地形图上测算结果	
	A	B	C	D	P	Q
纵坐标（m）						
横坐标（m）						
高程（m）						

附表2　两点间数据测算记录表

线段	水平距离(m)	高差(m)	斜距(m)	坐标方位角	坡度	备注
AB						图4-10
CD						
PQ						1:10 000 地形图

5. 递交资料

①操作步骤。

②测算结果统计表或效果图。

二、纸质地形图的室内应用(2)——面积量算

1. 技能目标

①学会用图解法(含几何图形法、方格法、网点板法、平行线法)测算面积。

②学会用电子求积仪测定面积。

③学会用 CAD 法测算面积。

2. 准备工作

(1)场地准备

理实一体教室。

(2)仪器、工具和资料

1:10 000 比例尺地形图、山西林业职业技术学院前院 1:500 比例尺平面图、透明方格纸、透明平行线膜片、网点板、电子求积仪、计算机、"不规则边线图形.JPG"电子版。

3. 方法步骤

参照图4-10,在 1:10 000 比例尺地形图上选择坡度大致一致的一面坡,坡上、坡下各定2~3个点并连接成多边形 S_A;山西林业职业技术学院前院 1:500 比例尺平面图上选择一块绿地,如图书馆北侧绿地 S_B。

(1)几何图形法

①将 1:10 000 比例尺地形图上所选"多边形 S_A"分割为若干个三角形和梯形。

②量取三角形的底边和中垂线的图上长度、梯形的上、下底和高的图上长度,单位为 mm。

③应用面积计算公式求出各个简单图形的面积,相加即为多边形的图上面积,单位为 mm^2。

④换算为 m^2,再乘以比例尺分母的平方,即得到所测图形的实际面积。

(2)透明方格纸法

①量取透明方格的边长 d,单位为 mm。

②将透明方格纸覆盖在"山西林业职业技术学院前院 1:500 比例尺平面图"上所选"图书馆北侧绿地 S_B"上并固定。

③统计图形边界线内的完整方格数 n_1 和不完整的方格数 n_2。

④按式(4-6)计算面积。

(3)网点法

①量取网点间距 d,单位为 mm。

②将网点板覆盖在"山西林业职业技术学院前院 1 : 500 比例尺平面图"所选"图书馆北侧绿地 S_B"上并固定。

③统计土畜边界线内的完整点数 n_1 和压线点数 n_2。

④按式(4-6)计算面积。

（4）平行线法

①量取平行线间距 h，单位为 mm。

②将平行线膜片覆盖在"山西林业职业技术学院前院 1 : 500 比例尺平面图"所选"图书馆北侧绿地 S_B"上并固定，注意图形上端和下端均位于平行线中部。

③统计图形内各段平行线长度 L_i，单位为 mm。

④按式(4-7)计算面积。

（5）电子求积仪测算面积

①电子求积仪构造及面板按键功能　　图 4-14 为日本生产的 KP-90N 电子求积仪，图(a)为仪器正面，图(b)为仪器背面，主要部件有动极、动极轴、跟踪臂、电子脉冲计数设备和微处理器，各部件功能见图中注释。

图 4-15 为 KP-90N 电子求积仪的面板，各按键功能见图中注释。

②设置比例尺和单位的方法。

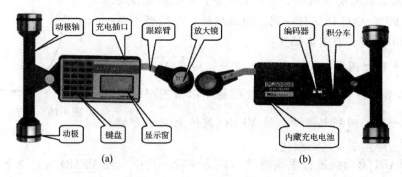

图 4-14　电子求积仪

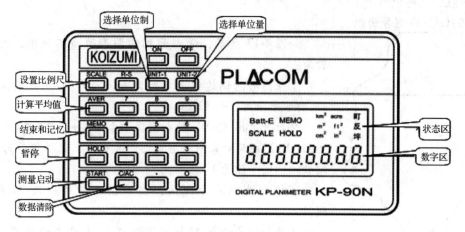

图 4-15　KP-90N 电子求积仪面板

方法一：假设欲测算面积的图形为纵断面图，纵向比例尺为1:100，横向比例尺为1:2 000，距离单位为"m"，则设置方法如下。

选择比例尺：按 $\boxed{\text{SCALE}}$ →输入"100"→按 $\boxed{\text{SCALE}}$ →输入2 000→按 $\boxed{\text{SCALE}}$ ；

选择单位制：循环按 $\boxed{\text{UNIT-1}}$ →在"公值/英值/日值"之间切换并选择"公值"；

选择单位量：循环按 $\boxed{\text{UNIT-2}}$ →在"km^2/m^2/cm^2"之间切换并选择"m^2"。

方法二：如图 4-12 所示，假设欲测算面积的图形为平面图，比例尺为1:1 000，面积单位为"m^2"，则设置方法如下。

选择比例尺：按 $\boxed{\text{SCALE}}$ →输入"1 000"→按 $\boxed{\text{SCALE}}$ →按 $\boxed{\text{SCALE}}$ ；

选择单位制和单位量与方法一相同。

③面积量测　如图 4-16 所示，图形比例尺为1:1 000，面积单位为"m^2"，操作步骤如下。

按 ON 键接通电源；

设置比例尺和单位；

将图纸固定在平整的图板上，仪器安放在图形的左侧，标出起点 P，描迹放大镜红圈中心与 P 点重合，并使动极轴与跟踪臂大致呈90°，顺时针绕行一周，使动极轴与跟踪臂夹角保持在30°~150°之间，否则换位置；

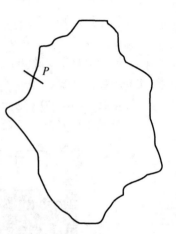

描迹放大镜红圈中心重新与 P 点重合，按 $\boxed{\text{C/AC}}$ 键归零，按 $\boxed{\text{START}}$ 启动键→手握跟踪放大镜使红圈中心沿图形轮廓线顺时针描迹一周，回到起点 P，按 $\boxed{\text{MEMO}}$ 键结束测量存储数据，显示屏上即显示实地面积值；

图 4-16　电子求积仪量算面积示例

再按 $\boxed{\text{START}}$ 启动键进行重复测量→同法绕行一周手，按 $\boxed{\text{MEMO}}$ 键结束第二次测量，存储并显示累计数据；

按 $\boxed{\text{AVER}}$ 显示面积平均值。

（6）CAD 法测算面积

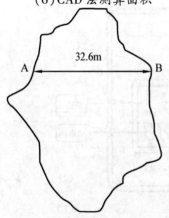

图 4-17　CAD 法量算面积示例

如图 4-17 所示，欲测面积的图形边线不规则，操作步骤为：

①在图形两侧边线上各标定一点 A、B，用比例尺量取 AB 的水平距离，如32.6m。

②打开 Auto CAD，执行图像命令 Image，将"不规则边线图形.JPG"图形对象附着当前图形文件中；选择单位为"m"，缩放比例因子设为1。

③执行直线命令 Line，在该图形旁绘一段 32.6m 的线段。

④执行对齐命令 Align，将图中 A、B 两点的长度校准到所绘 32.6m 的直线两端。

⑤放大图形，执行多段线命令 Pline，沿图形边线描绘一个封闭多段线。

⑥执行面积命令 area，选择 对象(O)，单击封闭多段线，显示和周长。如面积 = 1 378.448 0m²，周长 = 151.075 6m。

(7)求算斜坡面积

求算 1:10 000 比例尺地形图上所选"多边形 S_A"的不同区域的坡度，求平均坡度 α；利用几何图形法所计算该区域投影面积和平均平度，参考式(4-8)，计算斜坡面积 S_a。

4. 注意事项

①量测时图纸应平整。

②图上面积小于 5mm² 时，以及带状图形均不宜使用求积仪。

③大图斑需分割成几个小图斑分别测定然后取和。

④仪极臂与航臂的夹角保持在 30°~150° 范围。

⑤每个量测项目均需量测最少两次，相对误差不超 1/100 时，取平均值。

实际工作中，应根据图上面积的大小选择合适的量测方法。表 4-1 是不同图上面积宜优先选择的量测方法。

表 4-1　不同图上面积宜优先选择的量测方法

图上面积(cm²)	首选方法	其次方法	备注
≤1	方格法或网点法	平行线法	边线不规则
1~10	平行线法	求积仪复测法	边线不规则
>10	电子求积仪法	扫描后用 CAD 法	边线不规则
3~5 个边的多边形	图解法	CAD 法、解析法	边线规则的多边形

5. 记录格式

记录格式见附表1。

附表 1　坐标测算记录表

测量方法	观测量(m²)			相对误差	备注
	第一次	第二次	平均值		
几何图形法					
方格法					
网点板法					
平行线法					
电子求积仪法					
CAD 法					

6. 递交资料

①操作步骤。

②测算结果统计表。

三、地形图野外应用

1. 技能目标

①学会地形图实地定向、定点。

②能对照地形图进行地物识别和地形分析。

③能进行地形图更新填图。

2. 准备工作

（1）场地准备

山西林业职业技术学院前院。

（2）仪器和工具

山西林业职业技术学院前院 1∶500 比例尺平面图、三棱尺、地质罗盘仪、平板仪、皮尺。

3. 方法步骤

（1）地形图定向

①用磁针依磁子午线定向　先在主马路安置平板仪并整平，将平面图放在图板上，目估图纸方向与地面大致一致，将图纸固定在图板上；将地质罗盘仪的度盘零分划线朝向北图廓，并使罗盘仪的直尺边与磁子午线重合，轻轻转动图板（图纸一同转动）使磁针北端对准零分划线，如图 4-18 所示，拧紧平板仪中心连接螺旋，这时地形图的方向便与实地的方向一致了。

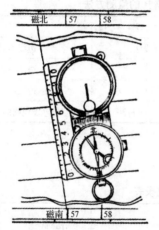

图 4-18　磁针依磁子午线定向　　　　　**图 4-19　用直长地物（马路）定向**

②用直长地物定向　按方法①第一步，先将图纸固定在图板上，使图纸方向与地面大致一致；将照准仪（或三棱尺）的直尺边放置图纸上，使直尺边与图上主马路一致；轻轻转动图板，站在直尺后方，目测使直尺边延伸线与主马路重合，如图 4-19 所示，拧紧平板仪中心连接螺旋，此时地形图的定向即完成。

③按方位物定向　按方法①第一步，先将图纸固定在图板上，使图纸方向与地面大致一致；根据周围建筑物转角、道路转角、大树等参考，照准仪（或三棱尺）直尺边与图上的站立点和地物符号定位点的连线重合，轻轻转动图板，使图上方位点符号与实地方位点的方位一致，照准线通过地面上的相应方位点时，拧紧平板仪中心连接螺旋，此时地形图的定向也完成。

（2）确定站立点在图上的位置（定点）

比较判定法是确定站立点最简便、最常用的基本方法。具体方法为首先观察站立点周围明显地物（如桥梁、房屋、道路交叉点等）、地貌（如山顶、山谷、鞍部等）特征点，然后根据这些特征点在图上的位置及与站立点的关系，直接确定站立点在图上位置的方法。

本任务要求利用建筑物转角、道路转角、大树、路灯灯作参考，练习定点方法。

（3）地形图与实地对照

依靠图上站点周围的地理要素，配合观察地面站点周围的地物地貌，将地形图上各种地物符号与实地地物的形状和大小以及相互位置关系一一对应，并将图上等高线与实地地貌形态也一一对应，判断地形的基本情况。

地物对照时，先对照居民地、主要道路、河流等明显地物；地貌对照时从山头、鞍部沿山脊向山谷延伸，根据等高线疏密、高程注记、等高线形态特征来判断地形起伏、地貌类型和山脊走向。

本任务要求对照原图指出变化部分。

（4）更新填图

①支距法　分析新增地物，如雕塑、置石、宣传栏等，量测其相对于建筑物、道路、草坪等地物直长边的垂直距离，用支距法进行现场更新。绘制草图，保留数据备电子版地形图更新。

山西林业职业技术学院图书馆北侧新增一块置石，量测数据及草图如图 4-20 所示，从置石垂直到图书馆北墙为 12.63m，再沿北墙向西为 4.78m。在图上用直尺按比例沿图书馆北墙自西向东量取 4.78m，再垂直向北作垂线 12.63m，绘出置石符号。

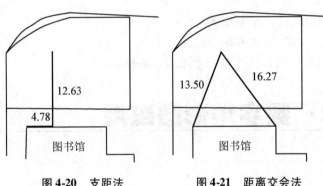

图 4-20　支距法　　　　图 4-21　距离交会法

②距离交会法　选择地上和图上都有的 2 个明显的地物点，量测新增地物到 2 个明显的地物点的距离，进行现场更新。绘制草测图，保留数据备电子版地形图更新。

量测数据及草图如图 4-21 所示，丈量从置石到图书馆北墙东、西两端点的距离，分别为 16.27m 和 13.50m；以图上北墙东端点为圆心，以 16.27m 为半径画弧；以图上北墙西端点为圆心，以 13.50m 为半径画弧；得两个交点根据实际情况选择其中一个，按规定符号绘制。

4. 注意事项

①地形图为涉密资料，要有完整的借用记录，外出要保管好图纸。

②各小组人员要交换轮流练习操作。

5. 递交资料

①草图。

②操作步骤。

③现场照片。

拓展知识

1. 路线纵断面图面积计算方法。
2. 所在省市地势图、地理图、专题地图。

巩固训练项目

1. 纸质地形图上求算点的平面直角坐标和高程。
2. 纸质地形图上求算两点距离、方位、坡度。
3. 绘制断面图。
4. 各种测算面积的操作方法。
5. 地形图与实地对照进行地物地貌判读。

思考与练习

1. 不同测算面积的方法适用情况和不适用情况。
2. 坡度尺应用。

相关链接

1. （CJJ/T 8—2011）《城市测量规范》.
2. （GB 50026—2007）《工程测量规范》.
3. （GB/T 50228—2011）《工程测量基本术语标准》.

任务 4.2　数字地形图应用

任务目标

　　通过本任务的学习，要求学会在数字地形图上量算点的平面直角坐标和高程、两点间直线或曲线距离、直线方向、地面坡度、投影面积、斜坡面积；能应用 CASS 软件按一定方向绘制断面图及土方量计算。

任务描述

　　本任务通过应用 CASS 软件相应功能求算点、线、面等基本几何要素，学习数字地形图上测算点的平面直角坐标和高程、两点间直线或曲线距离、直线方向、投影面积、地面坡度、斜坡面积、绘制断面图以及土方计算。

知识准备

数字地面模型

　　数字地面模型(digital terrain models，DTM)，或称数字地形模型，是利用一个任意坐标系中大量选择的已知 x、y、z 的坐标点对连续地面的一个简单的统计表示，或者说，DTM 就是地形表面形态属性信息的数字表达，是带有空间位置特征和地形属性特征的数字描述。地形表面形态的属性信息一般包括高程、坡度、坡向等。数字地形模型中地形属性为高程时称为数字高程模型。

数字高程模型(Digital Elevation Model，DEM)，是用一组有序数值阵列形式表示地面高程的一种实体地面模型，是数字地形模型的一个分支，其他各种地形特征值均可由此衍生。

一般认为，DTM 是描述包括高程在内的各种地貌因子，如坡度、坡向、坡度变化率等因子在内的线性和非线性组合的空间分布，其中 DEM 是零阶单纯的单项数字地貌模型，其他如坡度、坡向及坡度变化率等地貌特性可在 DEM 的基础上衍生。

任务实施

一、基本几何要素的查询

1. 技能目标

①学会查询指定点坐标。

②学会查询两点距离和方位。

③学会查询线长。

④学会查询实体面积和计算表面积。

2. 准备工作

(1)场地准备

理实一体教室。

(2)仪器、工具和资料

计算机、山西林业职业技术学院前院数字平面图、CASS 软件自带文件"Dgx. dat"。

3. 方法步骤

(1)查询指定点坐标

打开 CASS9.1，下载网上邻居"F：学生考＼林院前院. dwg"文件。

方法一：打开"对象捕捉"，勾选"节点、端点、中心等"；点击"工程应用＼查询指定点坐标"命令，命令区提示：

指定查询点：用鼠标点取所要查询的点；

测量坐标：$X = 119.779$m，$Y = 220.361$m，$H = 788.985$m。

方法二：在状态栏直接输入点号后确定，也可查询坐标。

说明：系统左下角状态栏显示的坐标是迪卡尔坐标系中的坐标，与测量坐标系的 X 和 Y 的顺序相反。用此功能查询时，系统在命令行给出的 X、Y 是测量坐标系的值。

(2)查询两点距离及方位

接上步方法一，点击"工程应用＼查询两点距离及方位"命令，命令区提示：

第一点：用鼠标点取 1 号公寓北边线一端点 A；

第二点：用鼠标点取 1 号公寓北边线另一端点 B；

两点间距离 $= 66.070$m，方位角 $= 85°49'58.05''$。

再点击"工程应用＼查询两点距离及方位"命令，命令区提示：

第一点：用鼠标点取 1 号公寓北边线一端点 B；

第二点：用鼠标点取 1 号公寓北边线另一端点 A；

两点间距离 = 66.070m，方位角 = 265°49′58.05″。

比较点取点取点位顺序不同时，两点距离和方位的关系。

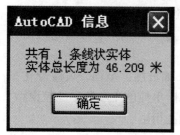

图 4-22 查询线长

（3）查询线长

点取"工程应用 \ 查询线长"命令，命令区提示：

选择对象：用鼠标点取图上曲线（如路牙线）后回车，在出现的如图 4-22"查询线长"对话框中点击 确定，命令区显示：

选择对象：找到 1 个

选择对象：

共有 1 条线状实体；

实体总长度为 46.209m。

查询线长时，可以连续点击线段后回车，显示为所有选中线段总长。

（4）查询实体面积

①面积查询。

方法一：点取"工程应用 \ 查询实体面积"命令，命令区显示：

a. 选取实体边线；b. 点取实体内部点［注记设置（S）］＜1＞直接回车，默认（1），点取 1 号公寓边线，回车：

实体面积为 889.20m²。

方法二：点取"工程应用 \ 查询实体面积"命令，命令区显示：

a. 选取实体边线；b. 点取实体内部点［注记设置（S）］＜1＞输入 2，点取 1 号公寓内部：

区域是否正确？（Y/N）　输入"Y"；

实体面积为 889.20m²。

②注记设置。

点击"工程应用 \ 查询实体面积"命令，状态栏显示：

a. 选取实体边线；b. 点取实体内部点［注记设置（S）］＜1＞；

输入"S"后回车，弹出如图 4-23"面积注记设置"对话框，选择是否注记、注记的小数位等，点击 确定。

（5）查询表面积

对于不规则地貌，系统通过 DTM 建模，在三维空间内将高程点连接为带坡度的三角形，再通过每个三角形面积累加得到整个范围内不规则地貌的面积。

新建一个图形文件"表面积练习 .dwg"，点击"绘图处理 \ 展野外测点点号 \ "命令，选择 CASS 软件自带文件"Dgx. dat"，按提示完成展点，开启"对象捕捉"，勾选 节点，用复合线画出闭合多边形，如图 4-24 所示。

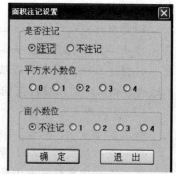

图 4-23 面积注记设置

①方法一：根据坐标文件查询。

点取"工程应用＼计算表面积＼根据坐标文件"命令，命令区提示：

请选择：a. 根据坐标数据文件；b. 根据图上高程点；c. 根据三角网。

选择计算区域边界线：鼠标点击封闭区域边界线；

在弹出的"输入高程点数据文件"对话框中指定路径和文件名"Dgx. dat"，单击 打开 ；

请输入边界插值间隔(米)：＜20＞输入"10"；

表面积 = 10 164. 597m²，详见 surface. log 文件。

建模计算表面积的结果如图 4-25 所示。

surface. log 文件保存在"桌面＼CASS9. 0＼SYSTEM"目录下，内容如图 4-26 所示。

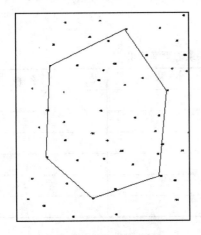

图 4-24　选定计算区域

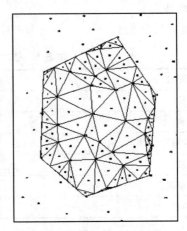

图 4-25　表面积计算结果

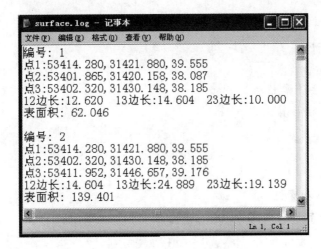

图 4-26　DTM 表面积计算结果

②方法二：根据图上高程点查询。

点击"绘图处理＼展高程点"命令，在弹出的"输入坐标数据文件"对话框中指定路径和文件名"Dgx. dat"，单击 打开 ；

注记高程点的距离(米)＜直接回车全部注记＞直接回车；用复合线画出闭合图形。

点击"工程应用 \ 计算表面积 \ 根据图上高程点"命令，命令区提示：

请选择：a. 根据坐标数据文件；b. 根据图上高程点；c. 根据三角网。

选择计算区域边界线：鼠标点击封闭区域边界线；

请输入边界插值间隔(米)：<20>输入"10"；

表面积 = 10 164.599m²，详见 surface. log 文件

上述两种方法计算的结果有差异，因为由坐标文件计算时，边界上内插点的高程由全部的高程点参与计算得到，而由图上高程点来计算时，边界上内插点只与被选中的点有关，故边界上点的高程会影响到表面积的结果。到底由哪种方法计算合理与边界线周边的地形变化条件有关，变化越大的，越趋向与由图面上来选择。

4. 记录格式

记录格式见附表1。

附表1　基本几何要素的查询结果

观测项目	第一次	第二次	备注
坐标			
距离			
方位角			
线长			
实体面积			
表面积			

5. 递交资料

①操作步骤。

②测算结果。

二、土方量的计算

1. 技能目标

①学会用方格法计算土方。

②学会用 DTM 法计算土方。

2. 准备工作

(1)场地准备

理实一体教室。

(2)仪器、工具和资料

计算机、CASS 软件自带文件"Dgx. dat"。

3. 方法步骤

CASS 给出土方量的计算方法有方格网法；DTM 法；断面法；等高线法；区域土方量平衡5种。本任务只学习方格网法、DTM 法，待掌握后再学习其余方法。

新建一个图形文件"土方计算练习 . dwg"，点出"绘图处理 \ 展高程点 \ "命令，数据文件来源选择 CASS 软件自带"Dgx. dat"，比例尺设置 1∶500，按提示完成展点；开启"对象捕捉"，勾选"节点"；用复合线画出所要计算土方的区域(闭合图形)。将图形文件"土方计算练习 . dwg"，复制6份，供练习各种方法时用。

(1)方格法土方计算

由方格网来计算土方量是根据实地测定的地面点坐标(X,Y,Z)和设计高程,通过生成方格网来计算每一个方格内的填挖方量,最后累计得到指定范围内填方和挖方的土方量,并绘出填挖方分界线。系统首先将方格的四个角上的高程相加(如果角上没有高程点,通过周围高程点内插得出其高程),取平均值与设计高程相减。然后通过指定的方格边长得到每个方格的面积,再用长方体的体积计算公式得到填挖方量。方格网法简便直观,易于操作,因此这一方法在实际工作中应用非常广泛。

①设计面是平面 打开复制的图形文件"土方计算练习1.dwg",点击"工程应用\方格网法土方计算\方格网土方计算"命令。命令行提示如下:

选择计算区域边界线:点击封闭区域边界线;

在弹出如图4-27所示"方格网土方计算"对话框中,点击"输入高程点坐标数据文件"右侧 ⋯ 按钮,选择 CASS 软件自带文件"Dgx.dat",点击 打开 ;在"设计面"栏选择 平面 ,并输入目标高程"35"m;点击"输出格网点坐标数据文件"右侧 ⋯ 按钮,指定保存路径和文件名"格网法(平面)土方计算.dat",点击 保存 ;在"方格宽度"栏,输入方格网的宽度"10"m,即"图上2cm×比例尺分母500=10m",点击 确定 ;

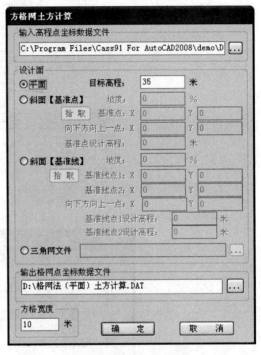

图4-27 设计面是平面方格法土方计算

请确定方格起始位置:<缺省位置>直接回车默认。命令行提示如下:

最小高程=24.368m,最大高程=43.900m;

总填方=3 493.7m³,总挖方=48 910.9m³。

同时图上绘出所分析的方格网,填挖方的分界线(绿色折线),并给出每个方格的填挖方,每行的挖方和每列的填方,如图4-28所示。

输出的格网点坐标数据文件"格网法(平面)土方计算.dat"保存在指定路径下,如图4-29所示,每行内容依次为:格网点编号,设计高,Y坐标,X坐标,H坐标。

②设计面是斜面(基准点) 与设计面是平面的操作步骤相同,不同之处是在如图4-30所示对话框中"设计图"下面选项中选择"斜面(基准点)",点击 拾取 。命令行提示如下:

点取设计面基准点:确定设计面的基准点;

指定斜坡设计面向下的方向:点取斜坡设计面向下的方向;

输入设计坡度和基准点的设计高程,点击 确定 。方格网计算的成果如图4-28所示。

③设计面是斜面(基准线) 与设计面是平面的操作步骤相同,不同之处是在如图4-31

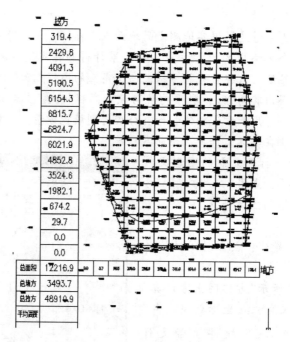

图 4-28　方格网土方计算表格

格网法（平面）土方计算.DAT - 记事本

文件(F)　编辑(E)　格式(O)　查看(V)　帮助(H)

1, 35. 00, 53438. 000, 31373. 000, 35. 492
2, 35. 00, 53448. 000, 31373. 000, 35. 272
3, 35. 00, 53458. 000, 31373. 000, 35. 226
4, 35. 00, 53418. 000, 31383. 000, 37. 381
5, 35. 00, 53428. 000, 31383. 000, 37. 315
6, 35. 00, 53438. 000, 31383. 000, 37. 186

Ln 1, Col

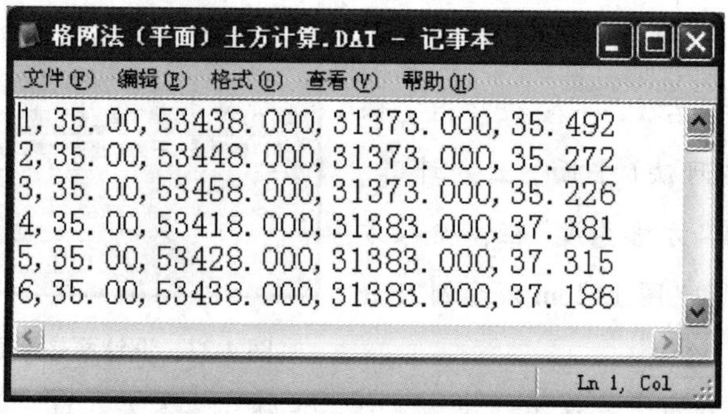

图 4-29　设计面是平面方格法土方计算

所示对话框中“设计图”下面选项中选择“斜面(基准线)”，点击[拾取]。命令行提示如下：

点取基准线第一点：点取基准线的一点；

点取基准线第二点：点取基准线的另一点；

指定设计高程低于基准线方向上的一点：指定基准线方向两侧低的一边；

输入设计坡度和基准线上两个点的设计高程，点击确定。方格网计算的成果如图 4-28 所示。

(2) DTM 法土方计算

由 DTM 模型来计算土方量是根据实地测定的地面点坐标(X，Y，Z)和设计高程，通过生成三角网来计算每一个三棱锥的填挖方量，最后累计得到指定范围内填方和挖方的土方量，并绘出填挖方分界线。DTM 法土方计算共有由坐标数据文件计算、依照图上高程点计算、依照图上的三角网计算 3 种方法。前两种算法包含重新建立三角网的过程，第三种方法直接采用图上已有的三角形，不再重建三角网。

①根据坐标文件计算　打开复制的图形文件"土方计算练习 4. dwg"，用鼠标点取"工程应用＼DTM 法土方计算＼根据坐标文件"命令。命令行提示如下：

选择计算区域边界线：鼠标点击封闭区域边界线；

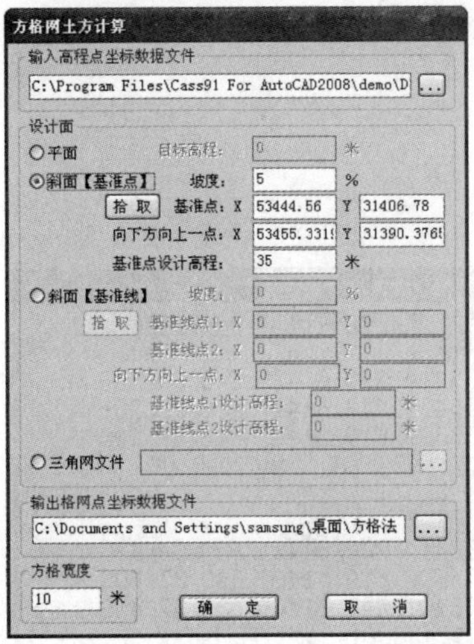

图 4-30　设计面是斜面（基准点）方格法土方计算 　　图 4-31　设计面是斜面（基准线）方格法土方计算

选择"输入高程点坐标数据文件名"为 CASS 软件自带文件"Dgx. dat"，点击 打开 ；

弹出如图 4-32 所示"DTM 土方计算参数设置"对话框：

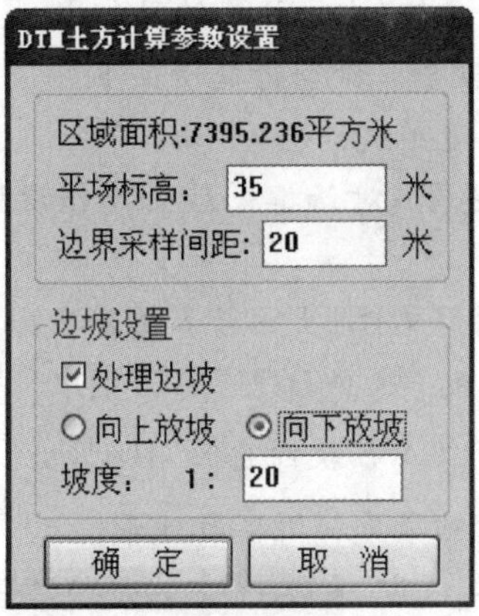

图 4-32　DTM 土方计算参数设置 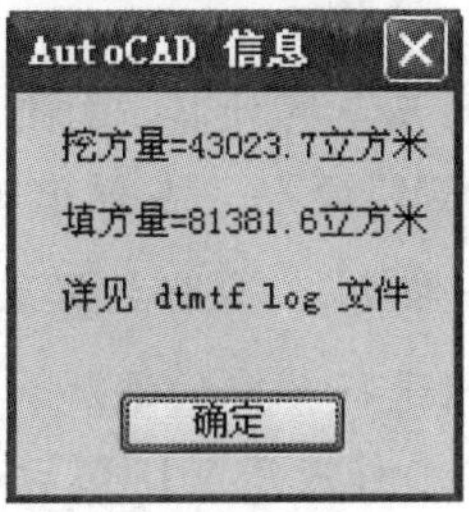　　　图 4-33　填挖方提示框

"区域面积"为复合线围成的多边形的水平投影面积。

平场标高：输入设计要达到的目标高程 35m。

边界采样间距：边界插值间隔的设定，默认值为 20m。

边坡设置：勾选"处理边坡"，选中放坡的方式（向上或向下：指平场高程相对于实际地面高程的高低，平场高程高于地面高程则设置为向下放坡），输入坡度值，点击 确定 ；

屏幕上显示如图 4-33 填挖方的提示框，同时图上绘出所分析的三角网、填挖方的分界线（白色线条），如图 4-34 所示。命令行显示如下：

挖方量 = 43 023.7m³，填方量 = 81 381.6m³

点击 确定 ，关闭对话框，系统提示：

请指定表格左下角位置：＜直接回车不绘表格＞用鼠标在图上适当位置点击，CASS 9.0 会在该处绘出一个表格，包含平场面积、最大高程、最小高程、平场标高、填方量、挖方量和图形，如图 4-35 所示。"dtmtf. log"文件自动保存在"CASS \ demo"目录下。

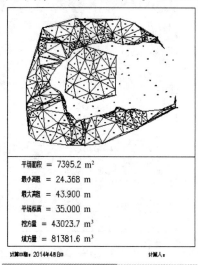

图 4-34　填挖方量计算结果表格　　　　　图 4-35　DTM 土方计算结果

②根据图上高程点计算　打开复制的图形文件"土方计算练习 5. dwg"，用鼠标点取"工程应用 \ DTM 法土方计算 \ 根据图上高程点"命令。命令行提示如下：

选择计算区域边界线：鼠标点击封闭区域边界线；

弹出如图 4-32 所示"DTM 土方计算参数设置"对话框；后面操作步骤与"①根据坐标文件计算"相同。

③依照图上的三角网计算　打开复制的图形文件"土方计算练习 6. dwg"；用鼠标点取"等高线 \ 建立 DTM"命令，在弹出如图 4-36 的"建立 DTM"对话框中，建立 DTM 的方式选择"由数据文件生成"，坐标数据文件名来源 CASS 软件自带"Dgx. dat"，点击 确定 ；对已经生成的三角网进行必要的添加和删除，使结果更接近实际地形。

用鼠标点取"工程应用 \ DTM 法土方计算 \ 根据图上三角网"命令。命令行提示如下：

平场标高(米)：输入 35。

选择对象：用鼠标在图上选取三角形，可以逐个选取也可拉框批量选取。

回车后屏幕上显示填挖方的提示框，同时图上绘出所分析的三角网、填挖方的分界线(白色线条)。

注意，用此方法计算土方量时不要求给定区域边界，因为系统会分析所有被选取的三角形，因此

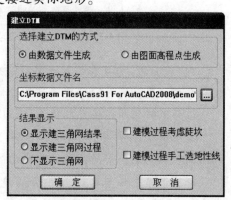

图 4-36　建立 DTM 对话框

在选择三角形时一定要注意不要漏选或多选，否则计算结果有误，且很难检查出问题所在。

4. 记录格式

记录格式见附表1、附表2。

附表1　方格法土方计算记录　　　　　　单位：m

设计面	目标高程	方格宽度	设计坡度	基准点1设计高程	基准点2设计高程
平面			—	—	
斜面(基准点)	—				—
斜面(基准线)	—				

附表2　DTM法土方计算记录　　　　　　单位：m

方法	区域面积	平场标高	边界采样间距	边坡设置	坡度	挖方量	填方量
根据坐标文件							
根据图上高程点							
根据图上的三角网							

5. 递交资料

①操作步骤。

②测算结果。

三、绘制断面图

1. 技能目标

①学会根据坐标文件绘制断面图。

②学会根据三角网绘制断面图。

2. 准备工作

(1)场地准备

理实一体教室。

(2)仪器、工具和资料

计算机、CASS软件自带文件"Dgx. dat"。

3. 方法步骤

CASS给出绘制断面图的方法有：①根据坐标文件；②根据里程文件；③根据等高线；④根据三角网4种。本任务只学习根据坐标文件和根据三角网两种方法，待掌握后再学习其余方法。

(1)由坐标文件生成

①新建一个图形文件"断面图绘制练习1. dwg"，点击"绘图处理\展高程点\"命令，数据文件来源选择CASS软件自带"Dgx. dat"，比例尺设置1∶500，按提示完成展点；

②用复合线生成断面线；

③点取"工程应用\绘断面图\根据已知坐标"命令，命令行提示；

④选择断面线 用鼠标点取上步所绘断面线;

⑤屏幕上弹出如图 4-37 所示"断面线上取值"对话框,在"坐标获取方式"栏中选择"由数据文件生成",在"坐标数据文件名"栏中选择高程点数据文件为 CASS 软件自带"Dgx. dat"。

输入采样点间距:输入 20m;

输入起始里程 < 0.0 > 系统默认起始里程为 0;

勾选"输出 EXCEL 表格",其余默认。

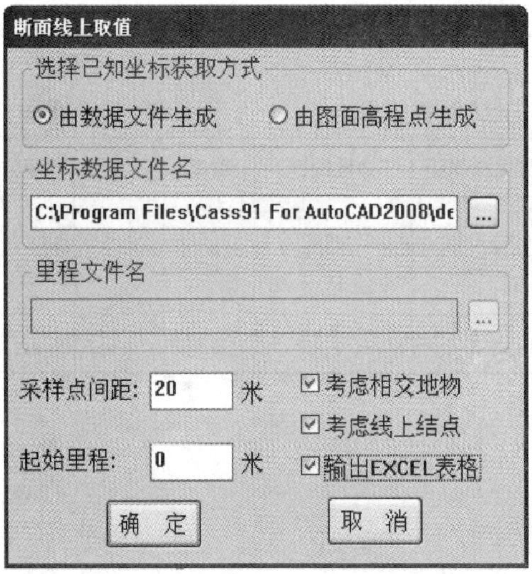

图 4-37 建立 DTM 对话框

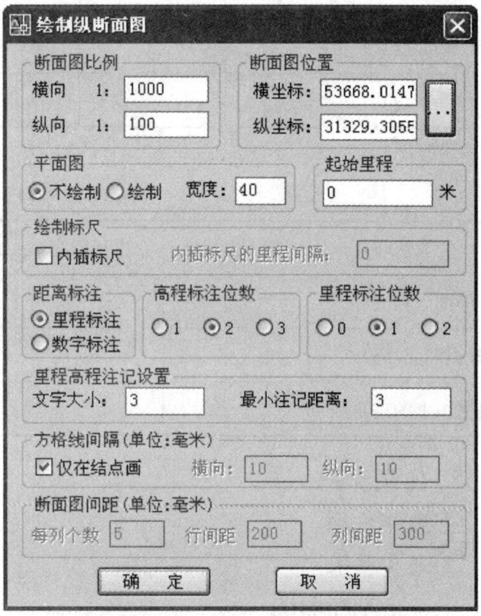

图 4-38 建立 DTM 对话框

⑥点击 确定 ,屏幕弹出如图 4-38 所示"绘制纵断面图"对话框,输入相关参数:

横向比例为 1: < 500 > 系统的默认值为 1:500,输入 1000;

纵向比例为 1: < 100 > 系统的默认值为 1:100,默认。

断面图位置:点取"断面图位置"右侧的 ··· 按钮:在图面上拾取;

可以选择是否绘制平面图、标尺、标注,其余默认。

⑦点击 确定 ,在屏幕上出现所选断面线的断面图,如图 4-39 所示。

纵断面图成果表以 EXCEL 表格显示自动生成,见表 4-2。

表 4-2 纵断面成果表

点号	X(m)	Y(m)	H(m)	备注
K0 + 000.000	31 419.390	53 326.220	26.297	
K0 + 020.000	31 428.404	53 344.074	27.323	
K0 + 040.000	31 437.417	53 361.927	31.195	
...	...	...	...	

比例尺：横向 1：1000 纵向 1：100

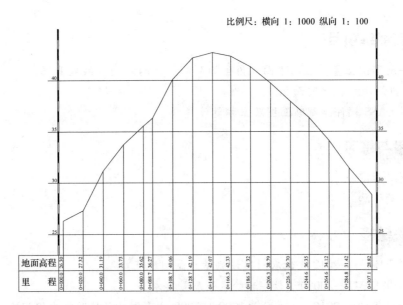

| 地面高程 | 26.30 | 27.32 | 31.19 | 33.73 | 35.62 | 36.27 | 40.06 | 42.19 | 42.07 | 42.33 | 41.32 | 38.79 | 39.70 | 36.35 | 34.12 | 31.42 | 28.82 |
| 里程 | 0+000.0 | 0+020.0 | 0+040.0 | 0+960.0 | 0+080.0 | 0+088.7 | 0+108.7 | 0+128.7 | 0+148.7 | 0+166.3 | 0+186.3 | 0+206.3 | 0+226.3 | 0+244.6 | 0+264.6 | 0+284.8 | 0+307.1 |

图 4-39　建立 DTM 对话框

（2）根据三角网

①同上法，新建一个图形文件"断面图绘制练习 2. dwg"，并完成展点；

②点取"等高线 \ 建立 DTM"命令，参考图 4-36 操作，建立三角网；

③用复合线生成断面线；

④点取"工程应用 \ 绘断面图 \ 根据已知坐标"命令，命令行提示：选择断面线，用鼠标点取上步所绘断面线；

⑤屏幕弹出如图 4-38 所示"绘制纵断面图"对话框，后面操作步骤与"（1）由坐标文件生成相同。

4. 记录格式

记录格式见附表 1。

附表 1　断面图绘制记录　　　　　　　　　　　　　　单位：m

方法	采样点间距	起始里程	断面图比例（横向）	断面图比例（纵向）	
由坐标文件生成					
根据三角网					

5. 递交资料

①操作步骤。

②测算结果。

拓展知识

1. 断面法、等高线法土方计算。

2. DTM（Digital Terrain Models）数字地形模型。

3. DEM（Digital Elevation Model）数字高程模型。

巩固训练项目

1. 数字地形图上量算点的平面直角坐标和高程、两点间直线或曲线距离、直线方向、地面坡度、投影面积、斜坡面积。

2. 应用 CASS 软件绘制断面图及土方量计算。

 思考与练习

1. 绘制断面图。

2. 土方量计算。

 相关链接

1.（CH/T 1031—2012）《新农村建设测量与制图规范》.

2.（GB/T 17941—2008）《数字测绘成果质量要求》.

3.（CH/T 1020—2010）《1∶500 1∶1000 1∶2000 地形图质量检验技术规程》.

4.（GB/T 18316—2008）《数字测绘成果质量检查与验收》.

项目5 园林工程施工测量

学习目标

☞ **知识目标**　1. 了解各类园林工程施工项目。
　　　　　　　2. 明确施工放线在各项目中的应用。

☞ **技能目标**　1. 学会假山、微地形工程施工放线方法。
　　　　　　　2. 学会园路广场工程施工放线方法。
　　　　　　　3. 学会给排水工程定点放线方法。
　　　　　　　4. 学会水景工程定点放线方法。
　　　　　　　5. 学会园林景观建筑小品定点放线方法。
　　　　　　　6. 学会种植工程定点放线方法。
　　　　　　　7. 学会竣工测量及竣工总平面图的编绘方法。

任务5.1　园林工程施工测量

任务目标

通过本任务的学习，要求学会土地平整测量方法、假山微地形工程定点放线方法、园路广场工程定点放线方法、给排水工程定点放线方法、水景工程定点放线方法、园林景观建筑小品定点放线、种植工程定点放线方法。

任务描述

结合相关课程任务实施成果(设计图等)，阅读设计图纸，在实习基地分项目逐项练习土地平整测量、假山工程、微地形工程、园路广场工程、给排水工程、水景工程、园林景观建筑小品及种植工程定点放线。

 **知识准备**

园林工程包括土方工程、基础工程、水景工程、给排水工程、园路广场工程、景石假山工程、园林景观建筑小品工程、栽植工程及配套的供电与管线设施。结合各项工程任务及相应定点放线方法，在任务实施中按土方、建筑、管网、栽植的顺序分项目训练。

 **任务实施**

一、土地平整测量

1. 技能目标

①学会在地面打方格网及方格网数字化地形测量。

②学会应用 CASS 软件计算场地平均高程、进行坡度设计、计算各桩点设计高程和填挖高、计算零位线、计算填挖土方量及土方平衡验算。

2. 准备工作

（1）场地准备

实习基地、理实一体教室。

（2）仪器、工具和资料

每组：计算机1台、全站仪1台套、（棱镜＋对中杆)2套、钢尺(50m)1卷、木桩若干、石灰、绳索。

3. 方法步骤

（1）布设方格网

在实习基地使用全站仪等仪器工具布设 10m×10m 或 20m×20m 的方格网，每方格网点打桩并按行1、2、3…，列 A、B、C…编号，绘草图。

（2）方格网点数字化地形测量

选择附近控制点作为测站点、定向点、检核点，使用全站仪对各方格网点进行坐标数据采集，并传输到计算机，保存为"土地平整测量.dat"文件。

（3）计算

①打开 CASS 软件，展点并连接成方格网，对照草图给各桩编号（图 5-1）。

②计算地面平均高程 H_m，公式如下：

$$H_m = \frac{1}{4n}(\sum H_角 + 2\sum H_边 + 3\sum H_拐 + 4\sum H_中) \tag{5-1}$$

式中　n——方格数。

③设计纵、横坡度，计算相邻桩纵、横坡降值。可根据接受能力按水平地面、单向坡、双向坡设计，逐渐增加难度。

④以地面的平均高程为零点的设计高程，根据纵、横坡降值计算各桩点的设计高程。

⑤计算各桩点的填挖高，注记在纸质图上。

填(挖)高＝设计高程－地面高程，即

$$h_i = H_设计 - H_m \tag{5-2}$$

结果得"＋"为填方，"－"为挖方。

⑥计算零位线，即填挖边界点的连线。

如图 5-2 所示，h_1、h_2 分别某方格两边的填挖高度，L 为方格边长，x 为填挖边界点至一测的距离。

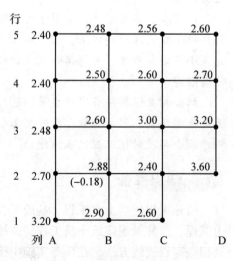

图 5-1　桩点位置及高程

计算公式为：

$$x = \frac{h_1}{h_1 + h_2} \cdot L \qquad (5\text{-}3)$$

⑦分别计算填挖土方量（图5-3）。各方格土方计算公式为：

$$V = A \cdot \bar{h} \qquad (5\text{-}4)$$

式中　A——底面积；

　　　$\bar{h}$——填（挖）平均高。

注意，若一个方格含填挖两种情况，应分别计算。

⑧进行土方平衡验算。分别统计区域内填、挖土方，即 $\sum V_填$ 和 $\sum V_挖$。如填挖土方基本平衡，运土量不超1%，可进行放线。

⑨在电子版图上各桩点标注地面高程、设计高程、填（挖）高度；画出零位线，注明与相邻桩的距离。

（4）实地放线

①对照图纸数据，在各桩标注填（挖）高度。

②对照图纸数据，在地面放样开挖零点并打桩，用绳索连接各相邻点，撒石灰。

4. 注意事项

①钉木桩时注意安全，勿伤人。

②撒石灰时注意勿伤眼睛，若石灰入眼，应及时就医。

5. 记录格式

记录格式见附表1、附表2。

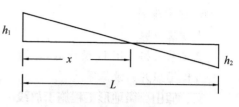

图5-2　零位线计算

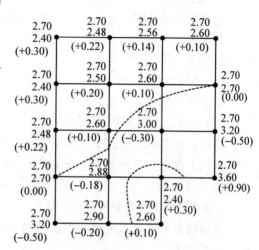

图5-3　场地设计及土方计算

附表1　控制点坐标　　　　　　　　　　单位：m

点号	坐标			备注
	x	y	z	
控制点 M				测站点
控制点 N				后视点（定向）
控制点 P				检核点

附表2　方格网各桩点高程　　　　　　　　单位：m

桩号	地面高程	设计高程	填（挖）高	备注
A1				
A2				
A3				
……				

6. 递交资料

①方法步骤。

②记录表格、图1(设计前)、图2(设计后)。

③现场照片、录像等。

二、假山、微地形工程施工放线

1. 技能目标

①能阅读设计图,学会查询控制点与轮廓拐点的位置关系。

②学会使用全站仪和水准仪测设假山及微地形的不同高程轮廓线的拐点。

2. 准备工作

(1)场地准备

实习基地、理实一体教室。

(2)仪器、工具和资料

每组:计算机1台、全站仪1台套、(棱镜+对中杆)2套、钢尺(50m)1卷、自动安平水准仪1台套、木桩若干、竹竿若干、铁锹若干、绳索200m、小型挖掘机1台所示。

3. 方法步骤

(1)设计假山或微地形

根据提供的实习基地地形图,利用CASS绘图软件,设计适当范围的假山或微地形,如图5-4所示。

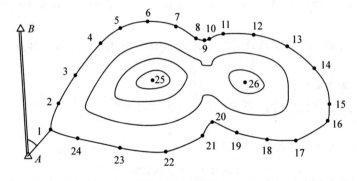

图5-4 微地形

(2)查询控制点与轮廓拐点的位置关系

在CASS软件下根据设计图查询控制点测站点A、定向点B与最外圈等高线轮廓拐点1,2,3,…等点的水平角、水平距离、高差,填表。

(3)施工放线

①在控制点A安置全站仪(对中、整平)。

②望远镜照准定向点B,水平度盘置零,将水平度盘设置为HR;根据查询的待定点1与A、B水平夹角$\angle BA1$及$A1$的水平距离,用极坐标法测设1点的平面位置,钉木桩;同法测设2,3,…等点的平面位置。

③用较长的绳索将这些轮廓拐点用圆滑的曲线连接起来,再撒上石灰。

④同样方法向内测设各圈等高线轮廓拐点,拐点间距每隔3~6m,在各拐点插竹竿。

⑤在适当位置安置水准仪,根据控制点B与各点的高差,在竹竿上标注标高,不同高

程等高线用不同颜色表示。

⑥根据查询数据制作模型，有条件可以进行机械施工。

4．注意事项

①勿用全站仪激光照射人体，以免灼伤。

②钉木桩时注意安全，勿伤人。

③机械施工时注意仪器和人身安全。

5．记录格式

记录格式见附表1、附表2。

附表 1　查询各点坐标　　　　　单位：m

点号	坐标			备注
	x	y	z	
控制点 A				测站点
控制点 B				后视点（定向）
控制点 P				检核点

附表 2　查询测设数据

水平角(°　′　″)	水平距离(m)	备注
∠BA1	A1	
∠BA2	A2	
∠BA3	A3	
…	…	

6．递交资料

①设计方案、测设数据查询记录表。

②方法步骤。

③现场照片、录像等。

三、园路广场工程施工放线

1．技能目标

①能根据设计图进行园路测设。

②能根据设计图平整广场。

2．准备工作

（1）场地准备

实习基地、理实一体教室。

（2）仪器、工具和资料

每组：计算机1台、全站仪1台套、（棱镜＋对中杆）2套、钢尺（50m）1卷、自动安平水准仪1台套、木桩若干、竹竿若干、铁锹若干、绳索200m。

3．方法步骤

根据实习基地地形图，设计一片有广场、含曲线的主园路、次园路以及小路、游步道的游园，在 CASS 软件下根据设计图查询广场四边特征点与控制点的关系，主园路、次园路中心线起点、交点与控制点的关系，交点与各中线桩、圆曲线主点的关系，控制点与小路中心线的交叉点、拐弯点的位置关系。

（1）平整广场施工测量

①根据实习基地地形图，设计一段有单面坡度的广场。

②在设计图上按实地距离 10m×10m 或 20m×20m 的打方格，按列 1，2，3，…，行 A，B，C，…编号。查询广场四侧角点的坐标及与控制点位置关系。

③在控制点用极坐标法测设方格网四个角点的位置。

④分组在四个角点安置全站仪，测设四边线上各桩点位置；两组对比，误差不超限时，取中间位置。

⑤分组在一测边线各桩点安置全站仪，测设方格网内各行（或列）桩点，各点钉木桩、写编号，如 A1，A2，…；B1，B2，…。

⑥用水准仪测量各桩点地面高程，根据设计高，求各点填挖高，写在桩上。

（2）主园路、次园路测设

①根据控制点与主园路中心线起点及交点的关系，在控制点用极坐标法测设主园路中心线起点、交点的平面位置，钉木桩并编号。

②由起点向交点每隔 20m 测设里程桩，各点钉木桩、写编号，如 0 + 000，0 + 020，…。

③在交点测设圆曲线各主点的平面位置，各点钉木桩、写编号。

④在各里程桩根据设计路宽，由路中线向两侧测设路基边桩。

⑤用全站仪（或水准仪）测量各中线桩的高程，根据各点设计高，在桩上标注填挖高。

⑥分组用水准仪测量各中线桩横断面地形点，根据中线桩设计高程、设计路宽及边桩设计高程，计算边桩填挖高，写在桩上。

（3）小路、游步道测设

①根据控制点与小路、游步道中心线的交叉点及拐弯点的位置关系，在控制点用极坐标法测设各点平面位置，一般每隔 10～20m 测设一点，圆弧地段应适当加密。各点钉木桩、写编号，如图 5-5 所示。

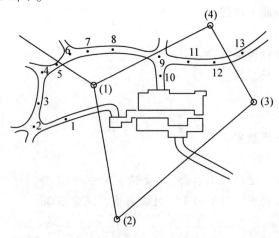

图 5-5　小　路

②根据路中线和设计路宽，在地面画出路边线，如与设计图纸不符，可适当调整。在路边线撒石灰。

③根据设计路线宽度，测设路边线。

④用水准仪测量各交叉点、拐弯点地面高程，根据设计高，求各点填挖高，写在桩上。

4. 注意事项

参看本任务实施二。

5. 记录格式

参考本任务实施二并自制记录表。

6. 递交资料

①设计方案、测设数据查询记录表。

②方法步骤。

③现场照片、录像等。

四、给排水工程定点放线

1. 技能目标

①学会给水工程施工放线方法。

②学会排水工程施工放线方法。

2. 准备工作

（1）场地准备

实习基地、理实一体教室。

（2）仪器、工具和资料

每组：计算机1台、全站仪1台套、（棱镜＋对中杆）2套、钢尺（50m）2卷、水准仪1台套、木桩若干。

3. 方法步骤

（1）给水工程施工放线

①根据提供的某小游园地形图，设计绿化给水管网方案，一般绿地中管顶埋深为0.5m，普通道路下为1.2m。

②在CASS软件下根据设计图查询设计管道中心线的起点、分支点、变坡点、转弯点、泄水点、终点的坐标及与控制点、建筑物等位置关系，参考任务实施二，自制表格并填表。

③用极坐标法、距离交会法、直角坐标法等方法测设各点的位置，钉木桩标记。

④用水准仪测量各中线桩点的高程，根据设计高程，计算挖深并在各中线桩处标注。

（2）排水工程施工放线

①根据提供的某小游园地形图，设计地形排水、管道排水、沟渠排水方案。管渠纵坡的最小限值见表5-1。

②查询设计管道、沟渠中心线的起点、转弯点、合水点、终点的坐标及与控制点、建筑物等位置关系，参考任务实施二，自制表格并填表。

③用极坐标法、距离交会法、直角坐标法等方法测设各点的位置，钉木桩标记。

④用水准仪测量各中线桩点的高程，根据设计高程，计算挖深并在各中线桩处标注。

表 5-1　管渠的最小纵坡(i)

管径(mm)	最小纵坡(%)	沟渠	最小纵坡(%)
200	0.4	土质明沟	0.2
300	0.33	盲沟	0.5(不小于)
350	0.3	砌筑梯形明渠	0.02
400	0.2		

4. 注意事项

参看本任务实施二。

5. 记录格式

参考本任务实施二并自制。

6. 递交资料

①设计方案、测设数据查询记录表。

②方法步骤。

③现场照片、录像等。

五、水景工程施工放线

1. 技能目标

①学会湖池、人工小溪工程施工放线方法。

②学会人工瀑布、喷泉工程施工放线方法。

2. 准备工作

(1)场地准备

实习基地、理实一体教室。

(2)仪器、工具和资料

每组：计算机 1 台、全站仪 1 台套、(棱镜 + 对中杆)2 套、钢尺(50m)1 卷、木桩若干、铁锹若干、绳索200m、小型挖掘机 1 台。

3. 方法步骤

根据提供的实习基地地形图，利用 CASS 绘图软件，设计适当范围的湖、池和人工小溪以及人工瀑布、喷泉等，如图 5-6 所示。

(1)湖池、人工小溪工程施工放线

①在 CASS 软件下根据设计图查询湖、池驳岸线，不同高程等高线的拐点，小溪中线起点、拐点、终点的坐标及与控制点的位置关系，参考本任务实施二，自制表格并填表。

②用极坐标法、距离交会法、直角坐标法等方法测设各标桩的位置，如图 5-6 中 1，2，3……等点，钉木桩标记。根据设计图在地面轮廓线用石灰洒出轮廓线。

③在设计湖池边缘界限内再打一定数量的基底标高木桩，如图 5-6 中①②③④…等点，使用水准仪，利用附近水准点高程，根据设计的水体基底标高，在各桩标注开挖深度。

④用小型挖掘机配合人工作业逐圈向里开挖，用全站仪指挥拐点位置，水准仪随时检查各点是否达到设计高程。

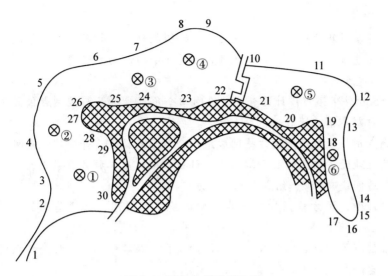

图 5-6   园林水体放样示意

（2）人工瀑布、喷泉工程施工放线

①在 CASS 软件下根据设计图查询人工瀑布、喷泉轮廓线中心点及各拐点的坐标、给水、排水起止特征点的坐标及与控制点的位置关系，参考本任务实施二，自制表格并填表。

②用极坐标法、距离交会法、直角坐标法等方法测设各点的位置，钉木桩标记，根据设计图在地面轮廓线用石灰洒出轮廓线。

③用水准仪测量各桩点的高程，根据设计高程，在各桩标注其标高。

4. 注意事项

参看本任务实施二。

5. 记录格式

参考本任务实施二并自制记录表。

6. 递交资料

①设计方案、测设数据查询记录表。

②方法步骤。

③现场照片、录像等。

六、园林景观建筑小品定点放线

1. 技能目标

①学会亭、廊等园林景观建筑定点放线方法。

②学会桌椅、景观标牌、景墙等园林景观小品定点放线方法。

2. 准备工作

（1）场地准备

实习基地、理实一体教室。

（2）仪器、工具和资料

每组：计算机 1 台、全站仪 1 台套、（棱镜 + 对中杆）2 套、钢尺（50m）1 卷、水准仪 1 台套、木桩若干、铁锹若干。

3. 方法步骤

根据提供的实习基地地形图，利用 CASS 绘图软件，设计亭、廊、景墙、桌椅、景观标牌等园林景观建筑小品。在设计图上绘制实地 1m×1m 的方格网。

(1)亭、廊定点放线

①在 CASS 软件下根据设计图查询方格网四个角点坐标及与控制点位置关系，参考本任务实施二，自制表格并填表。

②在控制点用极坐标法测设方格网边线四个角点的位置，并检核方格网精度。

③用钢尺在地面方格网的四个边按 1m 间隔钉桩；用工程线在两对边间绕"S"形，同法再在另两对边间绕"S"形，组成 1m×1m 方格网。

④根据设计图，用方格网控制出亭、廊建筑基面界限，按照基面界限外边各加 1~2m，放出施工土方开挖线。

⑤用水准仪测量各桩点的高程，根据设计高程，在各桩标注其标高。放线时注意区别角桩、柱桩、台阶起点桩等。

(2)桌椅、景观标牌、景墙定点放线

根据设计图，用方格网控制出桌椅、景观标牌、景墙特征点的位置，钉木桩标注。

4. 注意事项

参看本任务实施二。

5. 记录格式

参考本任务实施二并自制记录表。

6. 递交资料

①设计方案、测设数据查询记录表。

②方法步骤。

③现场照片、录像等。

七、种植工程施工放线

1. 技能目标

①学会规则式种植工程施工放线方法。

②学会自然式种植工程施工放线方法。

2. 准备工作

(1)场地准备

实习基地、理实一体教室。

(2)仪器、工具和资料

每组：计算机 1 台、全站仪 1 台套、(棱镜+对中杆)2 套、钢尺(50m)1 卷、木桩若干、竹竿若干、工程线 500m、绳索 200m。

3. 方法步骤

(1)成片规则式树林种植放线

第一种：矩形种植。

①根据实习基地地形图，设计一片规则式成片树林，如图 5-7(a)矩形种植；在图上标注种植区域的界限，每株的位置。

②在 CASS 软件下，根据设计图查询设计图上 A、B 两点坐标及与控制点(测站点 M、

后视点 N)位置关系，AD、BC 的水平距离，行距(纵列)a、株距(横行)b，参考本任务实施二，自制表格并填表。

③在测站点 M 用极坐标法测设 A、B 两个角点的位置。

④在 A 点用极坐标法测设 D 点；同法，在 B 点用极坐标法测设 C 点。

⑤用钢尺自 A 起沿 AD 方向，量取 0.5a 定点 1，量取 1.5a 定点 2，量取 2.5a 定点 3，依次定出 AD 方向 1，2，3，…各点；同法，自 B 起沿 BC 方向依次定出 1′，2′，3′，…各点。

⑥用钢尺自 1 起沿 1-1′方向(纵列)，量取 0.5b 定点 1，量取 1.5b 定点 2，量取 2.5b 定点 3，依次定出该列种植点；同法，定出 2-2′，3-3′，…各列种植点。

⑦各种植点插竹竿，每行每列逐一观察，无偏离后撒石灰。

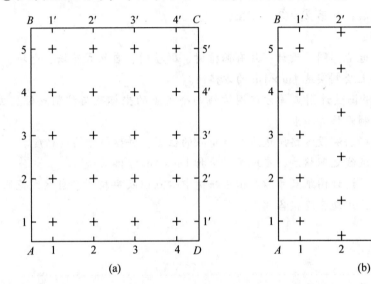

图 5-7　片植放样

第二种：菱形种植。

如图 5-7(b)所示菱形种植。与矩形种植放样步骤不同是第⑥条，具体方法为：在单数列，即 1-1′、3-3′、5-5′列等方向，间距依次为 0.5b、b…b，0.5b；在双数列，即 2-2′、4-4′、6-6′等方向，间距依次为 b、b…b，b。

(2)规则式花坛定点放线

①根据实习基地地形图，按学习小组划分区域，各组分别设计一块规则式花坛。

②在 CASS 软件下根据设计图查询设计图上花坛各特征点坐标及与控制点位置关系，参考本任务实施一和二，自制表格并填表。

③用较粗的铁丝按设计图案的式样编好图案轮廓模型。

④用极坐标法、支距法、距离交会法、角度交会法等方法，测设花坛各特征点的位置。

⑤将轮廓模型对准方向放置在相应特征点，检查无误后，在地上压出清楚的线条轮廓痕迹。

（3）行道树定植放线

①根据提供的操场平面图，以东、北两侧跑道作为道路的直线段与曲线段，设计行道树，要求株距相等，两侧对应。

②在CASS软件下根据设计图查询设计图上路两侧由南向北第1株，第11株，第21株，…的坐标及与控制点位置关系，参考本任务实施二，自制表格并填表。

③在控制点用极坐标法测设上述各点的位置，现场目测路两侧对应点的连线是否与路中线垂直。若有误差，应适当调整。

④在第1株与第11株之间，拉直钢尺，按设计株距标定单株位置。同法，在第11株与第21株之间，标定单株位置。

⑤拐入曲线段时，路两侧要保证株距相等。

⑥再次拐入直线段后，按第②、③、④操作。

（4）自然式种植放线

①根据提供实习基地地形图，设计一片有孤植树、群植树、自然式花坛、色块、花镜等的小游园。在设计图上绘制实地1m×1m的方格网。

②在CASS软件下根据设计图查询方格网边线四个角点的坐标及与控制点位置关系，参考本任务实施二，自制表格并填表。

③在控制点用极坐标法测设方格网边线四个角点的位置，并检核方格网精度。

④参考亭、廊定点放线之网格法，在地面对应打1m×1m方格网。

⑤在每个方格内，按设计图纸尺寸控制出孤植树中心点以及群植树、自然式花坛、色块、花镜等的边线拐点，用绳索连接各拐点。

4. 注意事项

参看本任务实施二。

5. 记录格式

参考本任务实施二并自制记录表。

6. 递交资料

①设计方案（一个班级分成两大组，设计不同方案互相交流学习）、测设数据查询记录表。

②方法步骤。

③现场照片、录像等。

任务5.2　竣工测量

任务目标

通过本任务的学习，要求学会对每个单项园林工程进行竣工测量，按要求编绘竣工总平面图，收集整理相关资料附件。

任务描述

利用周边小区、公园的开发与建设，结合相关课程任务，实地测量园林建筑物、广场及园林道路、园林小品、绿化种植区域等的竣工位置以及地下管线竣工纵断面图等，为全面反映竣工成果及日后管理、维修、改建、扩建提供资料。

知识准备

5.2.1　竣工测量

在每个单项园林工程竣工后，施工单位都必须进行竣工测量，以便为编绘竣工总平面图提供依据。在竣工测量时，应检查施工时使用过的平面控制点和水准点，当原有控制点数量不足或被破坏时，需补测控制点。各单项工程竣工测量时，需要按要求测定并保存资料。例如，园林建筑物的坐标与几何尺寸，各种管线进出口的位置与高程、室内地坪及房角标高，房屋结构层数、面积和竣工时间；园林道路的起止点、转折点和交叉点的坐标，路面、人行道、绿化带的界限；园林小品的外形与四角坐标或中心坐标以及基础面标高；绿化种植区域植物的数量、规格、种植方式等。

5.2.2　编绘竣工总平面图

5.2.2.1　编绘的目的
竣工总平面图是设计总平面图在工程施工后实际情况的全面反映，在施工过程中，有时对设计图进行了局部变更，而变更后的情况必须测绘到竣工总平面图上。为便于竣工后的营运管理和各种设施的维修，以及日后工程的改建或扩建提供各种测量控制点的坐标、高程等资料，需及时编绘竣工总平面图。

5.2.2.2　编绘的依据
主要资料有设计总平面图、系统工程平面图、纵横断面图、设计变更资料、施工放样资料、施工检查测量和竣工测量资料、有关部门和建设单位的具体要求等。

5.2.2.3　竣工总平面图的编绘
全站仪、CASS 软件等数字化测图软硬件设备现各单位已普遍使用，各单项工程完成后，应及时实测并展绘在电子版图上。

①首先确定竣工总平面图的比例尺，编绘园林建筑物、构筑物的竣工总平面图，比例尺一般用 1∶1 000 或 1∶500。

②绘制图上 10cm×10cm 的坐标方格网，展绘施工控制网点。

③按单项工程竣工顺序逐项测量绘图，按规定符号绘制并保存于各图层并打印。单项工程竣工图应由施工单位逐张加盖竣工图章。

④各项工程完成后，打开所有图层，检查竣工总平面图。

5.2.2.4　竣工总平面图的附件
为了全面反映竣工成果，便于管理、维修、扩建、改建，对建设场地原始地形图、各种园林工程及其附近的测量控制点布置图、建筑物或构筑物沉降及变形观测资料、地下管线竣工纵断面图、工程定位及检查的资料、设计变更文件等与竣工总平面图有关的一切资料，都应收集分类装订成册，作为竣工总平面图的附件加以保存。

任务实施

一、竣工测量

1. 技能目标

(1) 学会检查、补充平面控制点和水准点。

(2) 学会对单项园林工程进行竣工测量。

2. 准备工作

(1) 场地准备

周边小区、公园。

(2) 仪器、工具和资料

每组：全站仪 1 台套、(棱镜＋对中杆)2 套、钢尺(50m)1 卷、水准仪 1 台套。

3. 方法步骤

(1) 检查、补充平面控制点和水准点

收集整理测图及施工时的平面控制点、水准点资料，到现场检查是否完好，数量是否够用。若点位丢失、位移、不够等，应补测控制点。

(2) 单项园林工程竣工测量

①园林建筑物竣工测量　在全站仪上新建"JZW"数据采集文件，对建筑物转角点进行坐标数据采集，再结合距离交会法等方法，测量园林建筑物的坐标与几何尺寸、各种管线进出口的位置与高程；用水准仪测量室内地坪及房角标高。

②广场及园林道路竣工测量　在全站仪上新建"DL"数据采集文件，结合距离交会法、支距法等方法，测量广场四周各特征点的坐标；测量主园路、次园路的两侧起止点、转折点和交叉点的坐标；测量人行道、游步道中线的起止点、转折点和交叉点的坐标。

③园林小品竣工测量　在全站仪上新建"XP"数据采集文件，结合距离交会法、支距法等方法，测量园林小品的外形与四角坐标或中心坐标，以及基础面标高。

④地下管线竣工测量　在全站仪上新建"GX"数据采集文件，结合距离交会法、支距法等方法测量地下管线起点、拐弯点、分支点、终点等的坐标。

⑤绿化种植区域竣工测量　在全站仪上新建"LH"数据采集文件，结合距离交会法、支距法等方法，测量孤植树、群植树、灌木丛、片植树、花坛、模纹绿地、草坪等坐标，草图上标注种类、数量、规格、种植方式等。

⑥数据传输　打开 CASS 软件，将各坐标数据采集文件传输到计算机，保存为"＊＊＊竣工测量.dat"等文件，并备份。

4. 注意事项

①保管好仪器、工具和资料。

②注意安全，遵守交通规则。

③勿破坏树木、踩踏草坪等。

④外业测量时，为避免数据混乱丢失，分项目建数据采集文件，观测结束后，及时将数据传输到计算机并备份。

5. 记录格式

将数据记录在附表 1、附表 2。

附表 1　平面控制点检查情况　　　　　　　　　　　　　　　　单位：m

点号	坐标			位置	备注（完好、被破坏、补测）
	X(N)	Y(E)	Z(H)		

附表 2　水准点检查情况　　　　　　　　　　　　　　　　单位：m

点号	高程	位置	备注（完好、被破坏、补测）

6. 递交资料

①平面控制点、水准点检查记录表。

②草图。

③方法步骤。

④现场照片、录像等资料。

二、编绘竣工总平面图

1. 技能目标

①学会编绘竣工总平面图。

②学会整理相关附件资料。

2. 准备工作

(1)场地准备

理实一体化实训室。

(2)仪器、工具和资料

每组：绘图仪 1 台。

每人：计算机 1 台。

3. 方法步骤

(1)新建绘图文件

打开 CASS 绘图软件，指定保存路径和文件名，如"＊＊＊竣工图.dwg"选择比例尺 1:500 或 1:1 000，绘制图上 10cm×10cm 的方格网。

(2)展点及绘图

①将竣工测量各平面控制点及水准点展绘在竣工图上，并附注完好、被破坏或补测等说明情况。

②将"园林建筑物竣工测量.dat"文件按步骤展点。参考草图，对各园林建筑物按规定符号绘图，并附注房屋结构层数、面积和竣工时间。

③将"广场及园林道路竣工测量.dat"文件按步骤展点。参考草图，按规定符号绘图并附注竣工时间。

④将"园林小品竣工测量.dat"文件按步骤展点。参考草图，按规定符号绘图并附注竣工时间。

⑤将"地下管线竣工测量.dat"文件按步骤展点。按规定符号绘制竣工纵断面图，并附注竣工时间。

⑥将"绿化种植区域竣工测量.dat"文件按步骤展点。按规定符号绘图，标注种类、数量、规格、种植方式等，并附注竣工时间。

（3）打印

①分别打开各个图层，检查后打印。

②打开所有图层，检查后打印。

（4）资料整理

收集下列资料并装订成册：

①建设场地原始地形图。

②园林工程及其附近的测量控制点布置图。

③设计总平面图。

④设计变更文件。

⑤建筑物或构筑物沉降及变形观测资料。

⑥地下管线竣工纵断面图。

⑦施工检查和竣工测量资料等。

4. 注意事项

①为保证下一步绘图时图面清晰，在每图层绘图结束后暂时关闭。

②绘图过程中要经常保存，每图层绘图结束要备份。

③图廓外要素要完整。

5. 递交资料

①电子版单项园林工程竣工图及竣工总平面图。

②电子版单项园林工程竣工图及竣工总平面图。

③方法步骤。

④现场照片、录像等资料。

拓展知识

1. 园林工程竣工验收程序和总结。

2. 园林工程施工验收案例。

3. 园林土建工程竣工图、园林绿化工程竣工图、园林水电工程竣工图案例。

巩固训练项目

1. 单项工程竣工测量。

2. 编绘竣工总平面图。

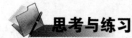

思考与练习

1. 单项工程精度要求。

2. 编绘竣工总平面图。

 相关链接

1.（GJJ 82—2012）《园林绿化工程施工及验收规范》.

2. 园林景观工程验收规范.

3. 给排水管道工程施工及验收规范.

4. 园林建筑工程施工技术标准与质量验收规范.

5. 园林供电与管线综合工程施工技术标准与质量验收规范.

6. 花坛砌体与挡土墙工程施工技术标准与质量验收规范.

7. 道路桥梁工程施工技术标准与质量验收规范.

8. 水景工程施工技术标准与质量验收规范.

9.（DB11/T 989—2014）《园林绿化工程竣工图编制规范》（北京市地方标准）.

参考文献

陈涛，王文焕，等. 2008. 园林工程测量[M]. 北京：化学工业出版社.

国家测绘局人事司. 2007. 国家测绘局职业技能鉴定指导中心. 地籍测量[M]. 黑龙江：哈尔滨地图出版社.

国家测绘局人事司. 2007. 国家测绘局职业技能鉴定指导中心. 测量基础[M]. 黑龙江：哈尔滨地图出版社.

《工程测量员》国家职业标准（6-01-02-04）.

金为民，等. 2006. 测量学［M］. 北京：中国农业出版社.

李秀江. 2013. 测量学［M］. 3版. 北京：中国林业出版社.

李寿冰，张中慧，等. 2010. 园林测量[M]. 北京：中国电力出版社.

覃辉，伍鑫，等. 2008. 土木工程测量[M]. 3版. 上海：同济大学出版社.

中华人民共和国国家标准. 2008. GB 50026—2007 工程测量规范［S］. 北京：中国计划出版社.

中华人民共和国行业标准. 1999. CJJ 8—1999 城市测量规范［S］. 北京：中国建筑工业出版社.

中华人民共和国国家标准. 2008. GB/T 20257.1—2007 国家基本比例尺地图图式第1部分1：500，1：1 000，1：2 000地形图图式[S]. 北京：中国标准出版社.

张建林，等. 2009. 园林工程[M]. 2版. 北京：中国农业出版社.